Umweltbundesamt
Federal Environment Agency – Austria

NICHT GEFÄHRLICHE ABFÄLLE IN ÖSTERREICH

Materialien zum Bundes-Abfallwirtschaftsplan 1998

Manfred DOMENIG

et al.

MONOGRAPHIEN
Band 103
M-103

Klagenfurt, Juni 1998

Bundesministerium für Umwelt, Jugend und Familie

Projektleitung
Hans Jörg Krammer

Autoren
Manfred Domenig

Übersetzung
Ulrike Stärk

EDV-Programmierung und Auswertungen
Armin Strugger
Karin Perz

Graphik
Wolfgang Sarny
Johann Singer

Satz/Layout
Sieglinde Waldeck
Hannelore Proprentner

Titelphoto
Sammlung von Altstoffen und Restmüll (Bernhard Gröger)

Der Bundes-Abfallwirtschaftsplan bzw. Bundesabfallbericht 1998 enthält eine zusammenfassende Bestandsaufnahme der Situation der Abfallwirtschaft, daraus abgeleitete Vorgaben zur Abfallvermeidung, -verwertung und -entsorgung sowie Maßnahmen zur Erreichung der Ziele. Grundlage dafür waren die folgenden vom Umweltbundesamt erarbeiteten und veröffentlichten **Materialien zum Bundes-Abfallwirtschaftsplan 1998**:

- Abfallaufkommen in Österreich (Serie „Monographien", Bd. 101)
- Gefährliche Abfälle und Altöle in Österreich (Serie „Monographien", Bd. 102)
- **Nicht gefährliche Abfälle in Österreich (Serie „Monographien", Bd. 103) mit dem Schwerpunkt „Abfälle aus Haushalten und ähnlichen Einrichtungen"**

Weiterführende Angaben sind über die „Abfallwirtschaftliche Stoff- und Anlagendatenbank" abrufbar (siehe homepage des Umweltbundesamtes: http://www.ubavie.gv.at)

Impressum

Medieninhaber und Herausgeber: Umweltbundesamt (Federal Environment Agency)
Spittelauer Lände 5, A-1090 Wien (Vienna), Austria

Druck: Radinger, Scheibbs

ISBN 3-85457-444-4

Bundes-Abfallwirtschaftsplan 1998 – Materialienbände

Das Abfallwirtschaftsgesetz 1990 legt im § 5 fest, daß der Bundesminister für Umwelt, Jugend und Familie zur Verwirklichung der Ziele und Grundsätze der Abfallwirtschaft einen Bundes-Abfallwirtschaftsplan zu erlassen hat, der alle drei Jahre fortzuschreiben ist. Nach der Erstellung des ersten Planes im Jahre 1992 liegt nun die zweite Fortschreibung vor.

Dazu wurden vom Umweltbundesamt Materialienbände zu folgenden Themen erstellt:

- Abfallaufkommen in Österreich
- Gefährliche Abfälle und Altöle in Österreich
- Nicht gefährliche Abfälle in Österreich mit dem Schwerpunkt Abfälle aus Haushalten und ähnlichen Einrichtungen

Vertiefende und laufend aktualisierte Informationen über Behandlungs- und Verwertungsanlagen in Österreich sind über die *„homepage"* des Umweltbundesamtes (http://www.ubavie.gv.at) aus der „Abfallwirtschaftlichen Stoff- und Anlagendatenbank" abrufbar.

Abfallaufkommen in Österreich (Band 1)

Die Massenangaben zum Abfallaufkommen basieren auf Erhebungen der Ämter der Landesregierungen, auf Ergebnissen von Branchenkonzepten, auf Auswertungen aus dem Abfalldatenverbund (AbfDV) und auf Expertenmeinungen. Sie stellen vor allem bei den nicht gefährlichen Abfällen (mit Ausnahme von Abfällen aus Haushalten und ähnlichen Einrichtungen) zum überwiegenden Teil Annahmen und damit Massenpotentiale dar, geben aber einen realistischen Überblick über das abfallwirtschaftliche Geschehen in Österreich.

Abfallaufkommen in Österreich

Massen- und Mengenpotentiale	**Mio t**	**Mio m³**
Gefährliche Abfälle und Altöle	0,76	0,56
Abfälle aus Haushalten und ähnlichen Einrichtungen	2,8	17,0
Bodenaushub	20,0	7,4
Baurestmassen und Baustellenabfälle (BRM)	6,4	2,9
Abfälle mineralischen Ursprungs ohne Baurestmassen	4,0	2,3
Holzabfälle ohne Holzverpackungen	3,3	10,1
Abfälle aus der Wasseraufbereitung, Abwasserbehandlung und der Gewässernutzung	2,3	1,5
Getrennt gesammelte Altstoffe aus Gewerbe und Industrie	2,1	6,0
Sonstige nicht gefährliche Abfälle	4,9	6,7
Summen (gerundet)	**46,5**	**54,5**

Unter Berücksichtigung des weitestgehend unbedenklichen Bodenaushubes von rd. 20 Mio t ergibt sich somit ein Gesamtmassenpotential von rd. 46,5 Mio t pro Jahr.

Die Verwertung und Behandlung dieser Abfälle erfolgt in ca. 1.500 Anlagen, die Abfälle von Dritten übernehmen.

Abfallwirtschaftlich relevante Anlagen in Österreich

Anlagentyp	Anzahl	in t/a oder m³
Chemisch-physikalische Behandlungsanlagen	28	465.000 t/a
Spezielle Verwertungs- und Behandlungsanlagen	über 100	467.000 t/a
Thermische Verwertungs- und Behandlungsanlagen	65	1.800.000 t/a
Biotechnische Vorbehandlungsanlagen für Restmüll	9	303.000 t/a
Biotechnische Anlagen für getrennt gesammelte biogene Abfälle	489	763.000 t/a
Sortieranlagen für getrennt erfaßte Altstoffe	98	650.000 t/a
Altstoffverwertungsanlagen	67	1.900.000 t/a
Zwischenlager für Reststoffe aus der Sortierung	3	110.000 t/a
Baurestmassenaufbereitungsanlagen	160	5.000.000 t/a
Baurestmassen- und Bodenaushubdeponien	400	18.000.000 m³
Mülldeponien	61	32.500.000 m³

Quelle: Umweltbundesamt-Anlagendatenbank (Datenstand Mai 1998)

Analysen unter Berücksichtigung der Planungsaktivitäten in Österreich ergaben, daß zusätzlich zu den vorhandenen Verbrennungsleistungen für rd. 2,85 Mio t Abfälle Verbrennungskapazitäten geschaffen werden müssen.

Zusätzlich notwendige Verbrennungskapazitäten

- *rd. 40.000 t für gefährliche Abfälle*
- *bis zu 0,8 Mio t für Abfälle aus Haushalten und ähnlichen Einrichtungen*
- *rd. 2,0 Mio t für andere nicht gefährliche Abfälle*

Gefährliche Abfälle und Altöle in Österreich (Band 2)

Art, Menge, Herkunft und Verbleib von gefährlichen Abfällen müssen mit Begleitscheinen nachgewiesen werden. Eine Auswertung der Begleitscheinmeldungen aus dem Abfalldatenverbund hat für das Jahr 1996 ergeben, daß in Österreich rd. 600.000 t gefährliche Abfälle angefallen sind. Den größten Anteil machen Aschen und Schlacken aus Abfallverbrennungsanlagen, Altautos, ölverunreinigte Böden und Altöle aus.

1996 wurden rd. 40.000 t gefährliche Abfälle exportiert bzw. rd. 20.000 t importiert. Beispielsweise wurde die gesamte angefallene Masse an aluminiumhaltigen Salzschlacken und rd. 90 % der Stäube, Aschen und Krätzen aus Schmelzprozessen ausgeführt. Nach Österreich zur Verwertung importiert wurden vorwiegend nickelhaltige Katalysatoren und Bleiakkumulatoren.

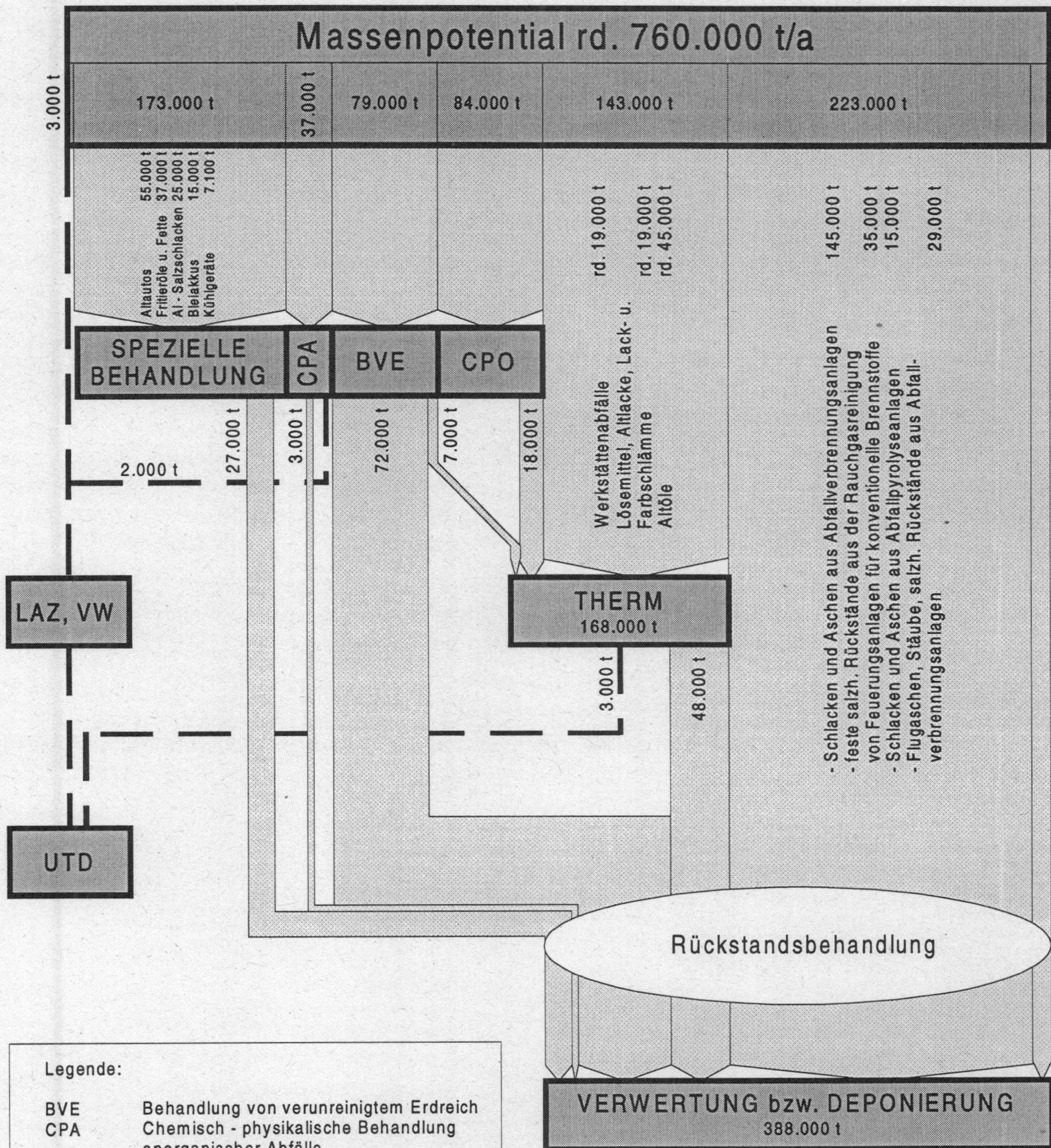

Legende:

BVE	Behandlung von verunreinigtem Erdreich
CPA	Chemisch - physikalische Behandlung anorganischer Abfälle
CPO	Chemisch - physikalische Behandlung organischer Abfälle
THERM	Thermische Behandlung u. Verwertung
LAZ	Zwischenlager und Lager auf Zeit
VW	Verwertung
UTD	Untertagedeponie

Entsorgung gefährlicher Abfälle (SOLL-Zustand 1998)

Dem Abfalldatenverbund werden jedoch nicht alle in Österreich anfallenden gefährlichen Abfälle gemeldet. Neueste Untersuchungen für den Bundes-Abfallwirtschaftsplan 1998 ergaben, daß das gesamte Massenpotential an gefährlichen Abfällen rd. 760.000 t/a beträgt. Die wesentlichen Ursachen für auftretende Unterschiede sind:

- Nachweis der Nicht-Gefährlichkeit: Über solche "ausgestuften" Abfälle liegen – naturgemäß – keine Begleitscheine vor.
- Innerbetriebliche Verwertung von gefährlichen Abfällen: Diese ist nicht begleitscheinpflichtig und somit sind die Mengen der innerbetrieblich verwerteten gefährlichen Abfälle nicht im Abfalldatenverbund erfaßt.
- Verschiedene Abfälle, für die Massenpotentiale angegeben wurden, bestehen nur zum Teil aus gefährlichen Abfällen. Nach zulässiger Abtrennung wird nur der Anteil gefährlicher Abfälle gemeldet.

Aufgrund dieser Tatsachen muß die tatsächlich erfaßte Menge gefährlicher Abfälle stets unter dem Massenpotential gefährlicher Abfälle liegen.

Für die Sammlung, Zwischenlagerung und den Transport gefährlicher Abfälle stehen ausreichende Kapazitäten zur Verfügung. Die Gegenüberstellung der erforderlichen mit den bestehenden Behandlungskapazitäten zeigt, daß für die chemisch-physikalische, biotechnische sowie spezielle Behandlung gefährlicher Abfälle ausreichende Durchsatzleistungen vorhanden sind. Der Handlungsbedarf im Bereich der Behandlungsanlagen läßt sich wie folgt zusammenfassen:

- Chemisch-physikalische Behandlungsanlagen: Auf Grundlage von technischen Mindestanforderungen sind Altanlagen an den Stand der Technik für Neuanlagen nachzurüsten.
- Thermische Behandlungsanlagen: Es ist davon auszugehen, daß zukünftig weitere Kapazitäten im Ausmaß von zumindest 40.000 t/a zu schaffen sind.
- Deponien: Entsprechend den Vorgaben der Deponieverordnung sind gefährliche Abfälle durch vorgelagerte Behandlungsschritte in einen deponiefähigen Zustand zu bringen.

Nicht gefährliche Abfälle in Österreich (Band 3)

Abfälle aus Haushalten und ähnlichen Einrichtungen

Im Jahr 1996 sind rd. 2,78 Mio t bzw. 344 kg/Ew Abfälle aus Haushalten und ähnlichen Einrichtungen angefallen.

Davon wurden über die öffentliche Müllabfuhr rd. 1,29 Mio t Restmüll und rd. 221.000 t Sperrmüll entsorgt. Daneben konnten rd. 24.000 t Problemstoffe, rd. 879.000 t Altstoffe und rd. 360.000 t biogene Abfälle über getrennte Sammlungen (Biotonne) erfaßt werden; dies entspricht rd. 45,5 % des Abfallaufkommens aus Haushalten und ähnlichen Einrichtungen.

Die Verwertung und Behandlung der rd. 2,78 Mio t Abfälle aus Haushalten und ähnlichen Einrichtungen erfolgte 1996 zu

- 31,7 % in Anlagen zur stofflichen Verwertung von getrennt gesammelten Altstoffen,
- 13,0 % in Anlagen zur Verwertung von getrennt erfaßten biogenen Abfällen,
- 0,8 % in Anlagen zur Behandlung von Problemstoffen,
- 7,0 % in Anlagen zur mechanisch-biologischen Vorbehandlung von Restmüll,
- 15,5 % in Anlagen zur thermischen Behandlung von Restmüll bzw. von Reststoffen,
- 32,0 % direkt und unbehandelt auf Mülldeponien.

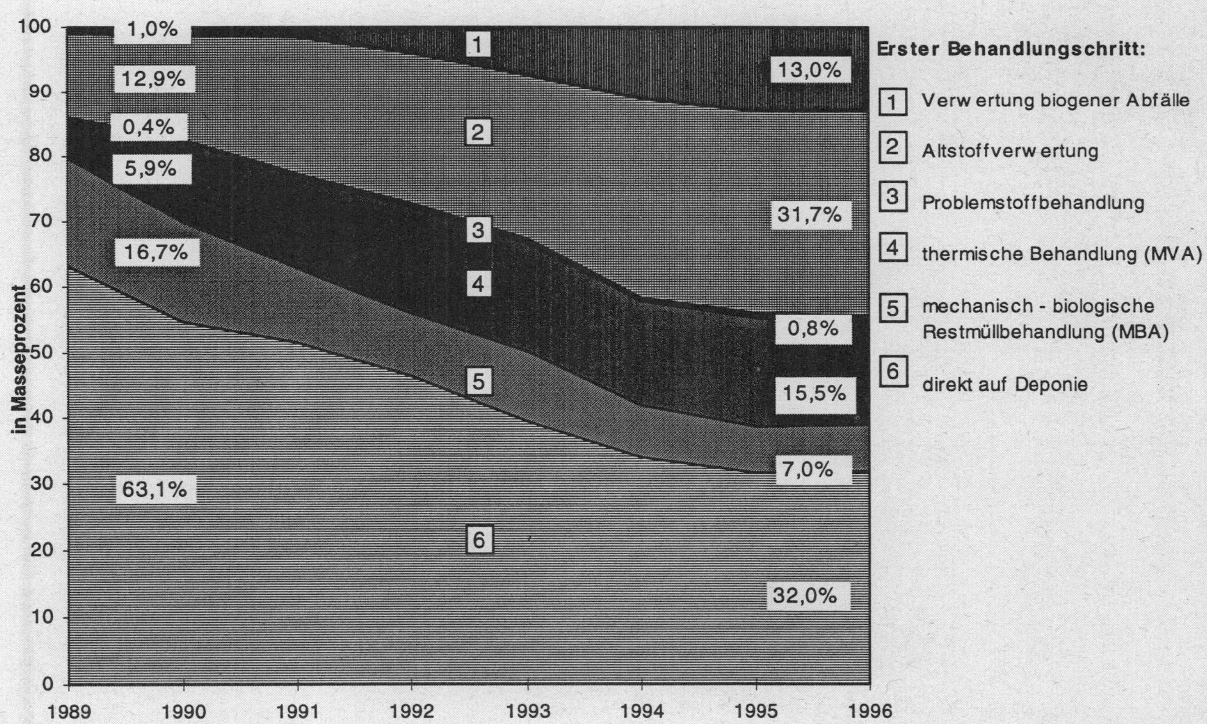

Verwertung und Behandlung von Abfällen aus Haushalten und ähnlichen Einrichtungen 1989 - 1996

Mit den Reststoffen aus der Verwertung und Behandlung gelangten 1996 rd. 45 % der Abfälle aus Haushalten und ähnlichen Einrichtungen auf Deponien. Im Jahr 1993 wurden rd. 55 % dieser Abfälle deponiert.

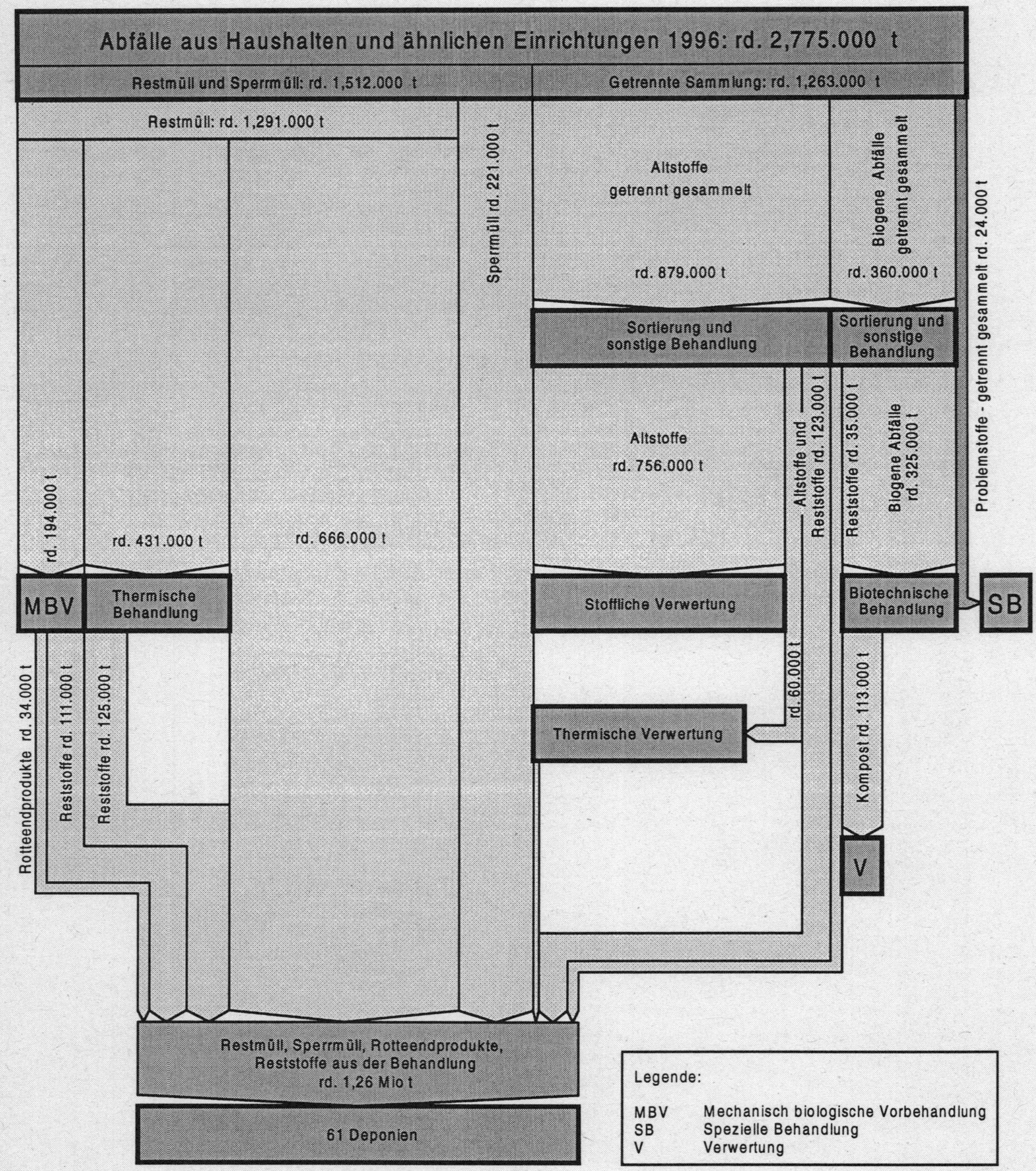

Entsorgung von Abfällen aus Haushalten und ähnlichen Einrichtungen (IST-Zustand 1996)

Betrachtet man neben den getrennten Sammlungen den im Jahr 1996 angefallenen Restmüll in den Abfallbehältern, das sind rd. 1,29 Mio t oder rd. 47 % von rd. 2,78 Mio t Abfälle aus Haushalten, so sind nach Abzug nicht getrennt erfaßbarer Anteile zusätzliche Potentiale zur getrennten Sammlung und anschließenden Verwertung zu erkennen:

- Rd. 15,5 % des Restmülls (rd. 200.000 t Altstoffe) können noch getrennt erfaßt und einer stofflichen Verwertung zugeführt werden. Der tatsächlich verwertbare Anteil hängt davon ab, in welchem Ausmaß qualitative Gesichtspunkte eine stoffliche Verwertung verhindern.
- Rd. 18,5 % des Restmülls (rd. 240.000 t biogene Abfälle) können nach getrennter Sammlung und anschließender biotechnischer Behandlung noch einer Verwertung zugeführt werden.

Weitere nicht gefährliche Abfälle

Das Massenpotential der nicht gefährlichen Abfälle ohne Berücksichtigung der Abfälle aus Haushalten und ähnlichen Einrichtungen kann mit rd. 42,9 Mio t/a angegeben werden. Davon entfallen

- rd. 61,5 % auf Baurestmassen einschließlich Bodenaushub,
- rd. 9,3 % auf andere Abfälle mineralischen Ursprungs,
- rd. 7,7 % auf Holzabfälle (ohne Holzverpackungen)
- rd. 5,4 % auf Abfälle aus der Wasseraufbereitung, Abwasserbehandlung und der Gewässernutzung,
- rd. 4,8 % auf getrennt gesammelte Altstoffe aus Gewerbe und Industrie,
- rd. 11,3 % auf sonstige nicht gefährliche Abfälle.

Waste Management in Austria - Documentation in 3 Volumes

compiled for the Austrian Federal Waste Management Plan 1998

The Austrian Waste Management Act (AWG) entered into force on 1 July 1990. § 1 of the Act defines the following objectives:

- To keep detrimental, unbeneficial or otherwise unhealthy influences on man, as well as on animals, plants, their living conditions and their natural environment as low as possible;
- to preserve raw material and energy resources;
- to keep the demand for landfill capacities as low as possible;
- to ensure that only such materials should remain as waste, the dumping of which does not present any potential hazard for future generations (precautionary principle)

The Waste Management Act thus places the highest priority on the protection of human beings and the environment and upon the preservation of natural resources. Accordingly, it must be the aim of waste management to handle waste in such a way that environmental pollution is kept as low as possible by avoidance, recovery and disposal.

§ 5 of the Austrian Waste Management Act stipulates that the Federal Minister of Environment has to issue a Federal Waste Management Plan in order to reach the objectives and observing the rules of modern waste management. Following the first Waste Management Plan in 1992 a revision is required every three years. This is why the Austrian Federal Environment Agency elaborated the following studies:

- Waste Generation in Austria
- Hazardous Waste and Waste Oil in Austria
- Non-Hazardous Waste in Austria emphasising Waste from Households and similar Institutions

Further information on waste management facilities in Austria you will find at our homepage (http://www.ubavie.gv.at).

Waste generated in Austria (Volume 1)

The information on the amounts of waste generated is based on investigations carried out by the provincial offices, results of waste management schemes of industrial branches, assessments on the basis of data from the Austrian hazardous waste register and on the knowledge of experts. And although the data presented are only approximate estimates of total non-hazardous waste (not including waste from households and similar institutions) generation, they give a realistic view of waste management in Austria.

Approximate estimate of total waste generation	million tonnes	million cubic meters
Hazardous waste and waste oil	0.76	0.56
Waste from households and similar institutions	2.8	17.0
Excavation material (soil) from construction sites	20.0	7.4
Construction and demolition waste	6.4	2.9
Waste of mineral origin without construction and demolition waste	4.0	2.3
Waste from wood processing excluding packages made of wood	3.3	10.1
Waste from water purification, sewage treatment and water utilisation	2.3	1.5
Separately collected secondary materials from industry and commerce	2.1	6.0
All other non-hazardous waste	4.9	6.7
Total	**46.5**	**54.5**

Including the predominantly harmless excavation material from construction sites the waste generated in Austria amounts to some 46.5 million tonnes.

The following table gives an overview of the 1500 treatment, recovery and recycling facilities operated in Austria.

Type of plants	No. of plants	Capacities
Physico-chemical treatment plants	28	465,000 t/a
Special treatment plants for hazardous waste	about 100	467,000 t/a
Incineration plants	65	1,800,000 t/a
Biological treatment plants for residual waste	9	303,000 t/a
Biological treatment plants for separately collected biowaste	489	763,000 t/a
Sorting plants for separately collected secondary materials	98	650,000 t/a
Recycling plants	63	1,900,000 t/a
Interim storage of residual matter after separation	3	110,000 t/a
Recycling plants for construction and demolition waste	160	5,000,000 t/a
Landfills for construction waste	400	18,000,000 m^3
Sanitary landfills for waste from households and similar institutions	61	32,500,000 m^3

Source: Waste Management Facilities Database of the Federal Environment Agency Austria (May 1998)

Taking recent planning activities in Austria into account, analysis shows that additional capacities for thermal treatment 2.85 million tonnes must be made available.

Additionally required incineration capacities

- *about 40,000 tonnes for hazardous waste*
- *up to 800,000 tonnes for waste from households and similar institutions*
- *about 2 million tonnes for other non-hazardous waste*

Hazardous Waste and Waste Oil in Austria (Volume 2)

Persons in possession of hazardous waste have to register the type, amount, provenance and treatment by means of a way-bill system. An evaluation of the Austrian register for hazardous waste shows that approx. 600,000 tonnes of hazardous waste was generated in 1996. The biggest quantities are ashes and slags from waste incineration facilities, used cars, oil-contaminated soil and waste oils.

In 1996 approx. 40,000 tonnes of hazardous waste was exported and approx. 20,000 tonnes were imported. For example, the total aluminium-containing salt slags generated, and approx. 90 % of dust, ash and dross from melting processes were exported. Among the imported wastes there were predominantly catalysts containing nickel and accumulators, which were imported for recovery.

In Austria, due to several reasons not all harzardous waste generated, is automatically subjected to the way-bill system. Recent investigations for the Federal Waste Management Plan 1998 show that the total mass potential of hazardous waste in Austria amounts approx. 760,000 t/a. Occuring differences are mainly due to:

- Proof of being non-hazardous: For some hazardous wastes the proof of safety may be furnished for individual cases. Since these wastes are not considered hazardous any more, these cases are not registered and therefore the amounts are not known.
- Internally recovered hazardous wastes: Hazardous wastes which are recovered internally in the production process do not have to be registered by way-bills. Thus they do not show in the Austrian hazardous waste register.
- For some hazardous wastes mass potentials were given although they only consist partly of hazardous components, e. g. used cars. After removal of the hazardous components the greater part can be recovered and/or treated as non-hazardous waste. Only the hazardous components have to be registered.

Because of this reasons the reported amounts always must be below the mass potential for hazardous waste.

Capacities for the collection, intermediate storage and transport of hazardous waste are sufficient. A comparison between necessary and actually available treatment capacities shows that throughput ist sufficient for physico-chemical, biotechnical and special treatment of hazardous waste. With regard to waste treatment facilities the requirements can be summarized as follows:

- Physico-chemical treatment facilities: In this sector a number of facilities need to be brought up to the state-of-the-art according to technical minimal standards.
- Thermal treatment facilities: In future at least 40,000 t/a additional capacities for the thermal treatment of hazardous waste will have to be installed.
- Landfills: According to the Landfill Ordinance hazardous waste must be subjected to a pretreatment allowing its safe disposal.

Non-Hazardous Waste in Austria (Volume 3)

Waste from Households and Similar Institutions

In 1996 a total of about 2.78 million tonnes or 344 kg/inhabitant of waste from households and similar waste from offices, industry and commerce and public institutions was produced.

Of this total, about 1.29 million tonnes of residual waste and about 221,000 tonnes of bulky waste were collected by the waste collection services. In addition, some 24,000 tonnes of problem waste (hazardous waste from households), about 879,000 tonnes of secondary materials and 360,000 tonnes of biowaste were collected. Altogether 45.5% of waste from households and similar institutions was collected separately.

In 1996 the 2.78 million tonnes were recovered and treated as follows:

- 31.7 % in recovery plants for secondary materials,
- 13.0 % in treatment plants for separately collected biowaste,
- 0.8 % in treatment plants for hazardous municipal waste,
- 7.0 % in mechanical-biological treatment plants for residual waste,
- 15.5 % in incineration plants for residual waste,
- 32.0 % were disposed of in sanitary landfills (without any further treatment).

Including all residual wastes from recovery and treatment operations, about 45 % of the waste from households and similar institutions was deposited in sanitary landfills. In 1993 this figure still amounted to 55%.

In the remaining residual waste from households and similar institutions the following additional goals for separate collection and further recovery could be achieved:

- about 15.5 % of residual waste (about 200,000 tonnes of secondary materials) could be conducted to material recycling. The actual recycling quota depends on the quality of separately collected and sorted secondary material;
- about 18.5 % of residual waste still consists of biowaste, which could be collected and composted for further utilisation.

Other Non-Hazardous Waste

The mass potential of non-hazardous waste produced in Austria (without waste from households and similar institutions) is approximately 42.9 million tonnes per year of which

- about 61.5 % is construction and demolition waste as well as excavation materials from construction sites
- about 9.3 % is other waste of mineral origin
- about 7.7 % is waste from wood processing
- about 5.4 % is waste from water purification, sewage treatment and water utilization
- about 4.8 % are separately collected secondary materials from industry and commerce
- about 11.3 % are all other non-hazardous wastes of different origin

INHALTSVERZEICHNIS

1 EINLEITUNG

Mit dem Abfallwirtschaftsgesetz 1990 (AWG) verfügt Österreich über eine gute Grundlage für die Entwicklung einer zukunftsorientierten Abfallwirtschaft. Darin wird oberste Priorität auf den Schutz von Mensch und Umwelt, auf die Schonung der natürlichen Ressourcen sowie auf den Verbleib emissionsneutraler Rückstände unter gleichzeitiger Schonung von Deponieraum gelegt. Umweltbelastungen sind durch geeignete Maßnahmen zur Vermeidung, Verwertung und Behandlung bzw. Entsorgung von Abfällen auf ein Minimum zu reduzieren.

Zur Verwirklichung der im AWG aufgelisteten Ziele und Grundsätze der Abfallwirtschaft hat der Bundesminister für Umwelt, Jugend und Familie einen Bundes-Abfallwirtschaftsplan (BAWP) zu erlassen, zu veröffentlichen und alle 3 Jahre fortzuschreiben.

Mit der Erstellung der fachlichen Grundlagen für den Bundes-Abfallwirtschaftsplan 1998 wurde wieder das Umweltbundesamt betraut. Der gegenständliche Bericht umfaßt die aktuellen Informationen zu den „Nicht gefährlichen Abfällen“ in Österreich, gegliedert in die Teilbereiche „Abfälle aus Haushalten und ähnlichen Einrichtungen“, „Sonstige Siedlungsabfälle“ und „Weitere nicht gefährliche Abfälle“.

2 ABFÄLLE AUS HAUSHALTEN UND ÄHNLICHEN EINRICHTUNGEN

2.1 Ausgangslage, aktuelle Entwicklungen und Tendenzen

2.1.1 Ausgangslage

Die gegenständliche Bestandsaufnahme beschreibt die in Österreich anfallenden Abfälle aus Haushalten und ähnlichen Einrichtungen für das Bezugsjahr 1996.

Grundlage dafür sind jene Massenangaben der Ämter der Landesregierungen, die bis Mitte Oktober 1997 im Umweltbundesamt eingelangt sind (zum Teil vorläufige Werte). Da diese Angaben als Basis für Berechnungen der Abfallzusammensetzung, für die Erstellung von Tabellen und Graphiken, für die Prognose von Entwicklungen in der Abfallwirtschaft u.a. dienten, konnten später einlangende Daten nicht mehr berücksichtigt werden.

In den folgenden Berichtsabschnitten werden die Fraktionen

- Restmüll
- Sperrmüll
- Altstoffe
- Biogene Abfälle
- Problemstoffe

detailliert beschrieben.

2.1.2 Abfälle aus Haushalten und ähnlichen Einrichtungen – Überblick

Abfälle aus Haushalten und ähnlichen Einrichtungen stammen aus Haushalten, aus haushaltsähnlichen Einrichtungen, aus der Landwirtschaft, aus Büros von Gewerbe, Industrie und öffentlicher Verwaltung, aus Kindergärten, Schulen, Krankenhäusern u.a., wenn sie an die kommunale Müllabfuhr angeschlossen sind, aus dem Kleingewerbe und von Märkten.

Sie setzen sich aus Restmüll, Sperrmüll, Altstoffen, biogenen Abfällen und Problemstoffen zusammen.

Auf Basis der aktuellen Restmüllanalysen aus Wien, Steiermark, Vorarlberg, Niederösterreich und Salzburg und der erhobenen Massen der im Jahr 1996 getrennt gesammelten Fraktionen wurde die Zusammensetzung von Abfällen aus Haushalten und ähnlichen Einrichtungen (ohne Sperrmüll) neu berechnet.

Tabelle 1: Zusammensetzung der Abfälle aus Haushalten und ähnlichen Einrichtungen (ohne Sperrmüll) 1996

Fraktion	Masseprozent
Papier, Pappe, Kartonagen	24,0
Glas	9,4
Metalle	7,2
Kunststoffe	8,2
Verbundstoffe	7,3
Textilien	2,8
Holz	1,4
Biogene Abfälle	29,2
Problemstoffe	1,4
Mineralische Bestandteile	1,9
Restfraktion	7,2
Gesamt	**100,0**

Der Anteil der Verpackungen an den Abfällen aus Haushalten beträgt rd. 30 Masseprozent.

Entscheidend für die Zusammensetzung der Abfälle sind die Siedlungsstruktur, der Gartenanteil, die vorherrschenden Energieträger zur Wohnungsbeheizung, die Bevölkerungsdichte, das Kaufverhalten, die Teilnahme der Bevölkerung an getrennten Sammlungen, der Tourismus, die Jahreszeiten u.a.

Das Gesamtaufkommen an Abfällen aus Haushalten und ähnlichen Einrichtungen 1996 stellt sich wie folgt dar:

Tabelle 2: Gesamtaufkommen von Abfällen aus Haushalten und ähnlichen Einrichtungen1996

	in t	in kg/Ew
Restmüll	1.291.000	160
Sperrmüll	221.000	27
Altstoffe, getrennt gesammelt	879.000	109
Biogene Abfälle, getrennt gesammelt	360.000	45
Problemstoffe, getrennt gesammelt	24.000	3
Gesamtaufkommen	**2.775.000**	**344**

Tabelle 3: Abfälle aus Haushalten und ähnlichen Einrichtungen nach Bundesländern 1996

Bundesländer	**in t**	**in kg/Ew**
Burgenland	76.300	277
Kärnten	166.200	295
Niederösterreich	510.500	335
Oberösterreich	397.100	288
Salzburg	164.900	324
Steiermark	360.000	298
Tirol	249.300	378
Vorarlberg	90.300	263
Wien	760.400	477
Österreich	**2.775.000**	**344**

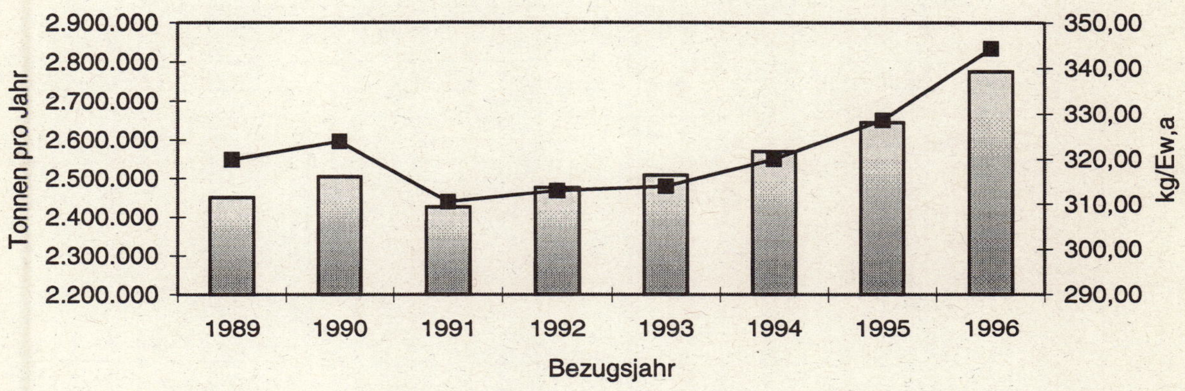

Abbildung 1: Entwicklung des Aufkommens von Abfällen aus Haushalten und ähnlichen Einrichtungen

Beim Vergleich des Aufkommens im Jahr 1996 mit dem des Jahres 1993 sind folgende Tendenzen festzustellen:

- Das gesamte Aufkommen an Abfällen aus Haushalten und ähnlichen Einrichtungen hat sich um rd. 10,6 % bzw. um rd. 266.000 t gesteigert.
- Die Massen für Restmüll haben sich um rd. 13,2 % bzw. um rd. 197.000 t verringert.
- Das Aufkommen an Sperrmüll hat sich um rd. 21,4 % bzw. um rd. 39.000 t vermehrt.
- An Altstoffen konnte um rd. 37,4 % oder um rd. 239.000 t mehr getrennt gesammelt werden.
- Bei biogenen Abfällen (Biotonne) stieg die erfaßte Masse um rd. 97,4 % oder um rd. 178.000 t.
- Die Sammlung für Problemstoffe erbrachte eine zusätzliche Steigerung der erfaßten Masse um rd. 43% bzw. um rd. 7.100 t.

Betrachtet man das Aufkommen der Abfälle aus Haushalten und ähnlichen Einrichtungen nach ihrem Gewicht, so macht dies rd. 6 Masseprozent oder rd. 2,8 Mio Tonnen des Massenpotentials sämtlicher Abfälle von rd. 46,5 Mio Tonnen aus.

Vergleicht man jedoch diese Abfälle nach ihrem Volumen, so zeigt sich, daß die meisten Fraktionen der Abfälle aus Haushalten durch ihre teilweise geringen Schüttdichten große Sammel- und Behandlungsvolumina beanspruchen; der Anteil der Abfälle aus Haushalten beträgt demnach rd. 31 Prozent des Abfallaufkommens von rd. 54,5 Mio Kubikmeter.

Tabelle 4: Aufkommen ausgewählter Abfallgruppen in Österreich

Massen- und Mengenpotentiale	Mio t/a	Mio m³/a
Abfälle aus Haushalten und ähnlichen Einrichtungen	2,8	17,0
Gefährliche Abfälle und Altöle	0,76	0,56
Bodenaushub	20,0	7,4
Baurestmassen und Baustellenabfälle (BRM)	6,4	2,9
Abfälle mineralischen Ursprungs ohne Baurestmassen (BRM)	4,0	2,3
Holzabfälle ohne Holzverpackungen	3,3	10,1
Abfälle aus der Wasseraufbereitung, Abwasserbehandlung und der Gewässernutzung	2,3	1,5
Getrennt gesammelte Altstoffe aus Gewerbe und Industrie	2,1	6,5
Sonstige nicht gefährliche Abfälle	4,9	6,7
Summen (gerundet)	**46,5**	**54,5**

Tabelle 5: Abfallaufkommen nach Masse und Volumen

SN	Abfallbezeichnungen gemäß ÖNORM S 2100 (1990)	BAWP 1998	
		in Tonnen	in m³
17201	Holzemballagen und Holzabfälle, nicht verunreinigt		
18720	Papier und Pappe, unbeschichtet	439.000	2.927.000
31408	Glas und Altglas	183.000	654.000
351	Eisen- und Stahlabfälle	66.000	330.000
35105	Eisenmetallemballagen und -behältnisse	20.000	400.000
35315	NE-Metallschrott, NE-Metallemballagen, rein	40.000	350.000
57118	Kunststoffemballagen und –behältnisse *	90.000	300.000
58107	Stoff- und Gewebereste, Altkleider	18.000	100.000
91101	Hausmüll und hausmüllähnliche Gewerbeabfälle (Restmüll)	1.291.000	8.607.000
91104	Biogene Abfallstoffe, getrennt gesammelt	360.000	900.000
91401	Sperrmüll	221.000	2.210.000
	Sonstige Abfälle aus Haushalten und ähnlichen Einrichtungen	23.000	23.000
	Problemstoffe	24.000	240.000
	Summen	**2.775.000**	**17.040.000**

*SN 91207 – Leichtfraktion aus der Verpackungssammlung gem. ÖNORM S 2100 (1997)

Abschätzung der zukünftigen Entwicklung:

- Das Gesamtaufkommen an Abfällen aus Haushalten wird weiterhin steigen.
- Das Aufkommen an Restmüll und Sperrmüll wird weiterhin steigen.
- Die getrennten Sammlungen werden zusätzliche Abfallmengen erfassen; nennenswerte Steigerungen der Erfassungsquoten wird man jedoch nur mehr bei „Papier, Pappe, Kartonagen“, bei der „Leichtfraktion“ bzw. bei „biogenen Abfällen“ verzeichnen können.

2.1.2.1 Restmüll

Definition:

Unter Restmüll versteht man sämtliche in Haushalten und ähnlichen Einrichtungen üblicherweise anfallenden festen Abfälle, die unter Verwendung genormter Abfallbehälter über die öffentliche Müllabfuhr erfaßt werden, sofern sie nicht über Separatsammlungen einer anderen Verwertung oder Behandlung zugeführt werden.

Zusammensetzung:

Über die bundesweite Zusammensetzung von Abfällen aus Haushalten und ähnlichen Einrichtungen liegt keine Untersuchung vor. Aktuelle Restmüllanalysen existieren jedoch aus den Bundesländern:

- Wien für den Untersuchungszeitraum 1993/1994
- Steiermark für den Untersuchungszeitraum 1993/1994
- Vorarlberg für den Untersuchungszeitraum 1994/1995
- Niederösterreich für den Untersuchungszeitraum 1994/1995
- Salzburg für den Untersuchungszeitraum 1996

Auf Basis der vorliegenden aktuellen Restmüllanalysen wurde folgende Restmüllzusammensetzung für das gesamte Bundesgebiet berechnet:

Tabelle 6: Zusammensetzung des Restmülls 1996

Fraktion	Masseprozent
Papier, Pappe, Kartonagen	13,5
Glas	4,4
Metalle	4,5
Kunststoffe	10,6
Verbundstoffe	13,8
Textilien	4,1
Holz	1,1
Biogene Abfälle	29,7
Problemstoffe	0,9
Mineralische Bestandteile	3,8
Restfraktion	13,6
Gesamt	**100,0**

Gesamtaufkommen 1996 in t:

rd. 1.291.000 t Restmüll (160 kg/Ew)

Sammlung und Transport:

Abfälle aus Haushalten werden über die kommunale Müllabfuhr bzw. über private Unternehmen im Auftrag der Kommunen abgeführt.

Haushaltsähnliche Abfälle aus Landwirtschaft, Gewerbe, Industrie und öffentlichen Einrichtungen werden zum überwiegenden Teil über die kommunale Müllabfuhr erfaßt. Dieser Anteil ist abhängig von den zur Sammlung des Restmülls angebotenen Behältergrößen. Einrichtungen mit einem hohen Aufkommen haushaltsähnlicher Abfälle entsorgen diese durch Selbstanlieferung an Abfallbehandlungsanlagen.

Behandlung

Im Jahr 1996 wurde der Restmüll zu

- rd. 51,6 % (rd. 666.000 t) direkt deponiert;
- rd. 15,0 % (rd. 194.000 t) in Anlagen zur mechanisch-biologischen Restmüllbehandlung eingebracht;
- rd. 33,4 % (rd. 431.000 t) einer thermischen Behandlung zugeführt.

Mit den Reststoffen aus der mechanisch-biologischen Vorbehandlung von Restmüll (rd. 111.000 t), den Rotteendprodukten aus mechanisch-biologischer Restmüllvorbehandlung (rd. 34.000 t) und den Reststoffen aus der thermischen Behandlung von Restmüll (rd. 125.000 t) gelangten rd. 72,5 % (rd. 936.000 t) des erfaßten Restmülls auf Deponien.

Tabelle 7: Restmüllaufkommen nach Bundesländern 1996

Bundesländer	in t	in kg/Ew
Burgenland	29.800	108
Kärnten	86.400	154
Niederösterreich	191.000	125
Oberösterreich	164.100	119
Salzburg	73.500	144
Steiermark	134.000	111
Tirol	107.400	163
Vorarlberg	38.000	110
Wien	467.300	293
Österreich	**1.291.500**	**160**

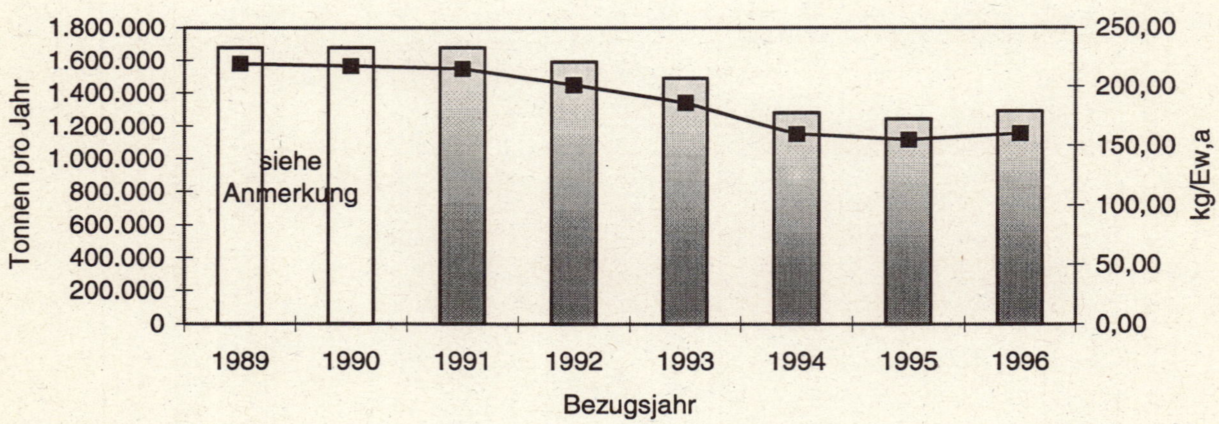

Abbildung 2: Entwicklung des Aufkommens von Restmüll

Anmerkung: Angaben zum Restmüll 1989 und 1990 sind nicht möglich, da erst seit 1996 bundesweit getrennte Massenangaben für Restmüll und Sperrmüll vorliegen. In den genannten Jahren wurde der Sperrmüll noch gänzlich dem Restmüll zugerechnet und von den meisten Bundesländern generell in einer Masse angegeben.

Bis 1995 waren trotz Anstiegs des Gesamtaufkommens an Abfällen aus Haushalten die getrennten Sammlungen so effizient, daß es zu keiner Steigerung, sondern zu einer Verringerung des Restmüllaufkommens kam.

1996 waren die getrennten Sammlungen nicht mehr in der Lage, eine Zunahme des Restmüllaufkommens (+ 47.000 t) zu verhindern.

Abschätzung der zukünftigen Entwicklung:

In den nächsten Jahren ist mit einem Anstieg des Restmüllaufkommens aus folgenden Gründen zu rechnen:

- ein seit mehreren Jahren zu beobachtender Anstieg des Gesamtaufkommens an Abfällen aus Haushalten;
- die getrennten Sammlungen schöpfen bereits große Anteile des Erfassungspotentials ab.

2.1.2.2 Sperrmüll

Definition:

Sperrmüll besteht aus Abfällen, die wegen ihrer Beschaffenheit (Größe oder Masse) nicht durch ortsübliche Restmüllsammelsysteme erfaßt werden können.

Zusammensetzung:

Es existiert keine bundesweite Sperrmüllanalyse, regionale Analysen gibt es z.B. in Tirol und Oberösterreich.

Die Zusammensetzung des Sperrmülls ist äußerst heterogen und wird beeinflußt durch die Art der Sammlung (Straßensammlung, Sammlung auf Abruf, Sammlung bei zentralen Sammelstellen, d.s. Recyclinghöfe, Mistplätze u.a.), die Behältergrößen für Restmüll, gesetzliche Bestimmungen u.a. Dominierende Stoffgruppen im Sperrmüll sind Verbundmaterialien, Holz, Metalle, Strauch- und Baumschnitt.

Gesamtaufkommen 1996 in t:

rd. 221.000 t Sperrmüll (27 kg/Ew)

Das Sperrmüllaufkommen liegt zwischen rd. 9 und 39 Kilogramm pro Einwohner und Jahr. Die angegebenen Massen sind nur bedingt miteinander vergleichbar, da nicht alle Gemeinden bzw. Länder eine organisierte Vorabsammlung verwertbarer Fraktionen durchführen. Die abgetrennten Materialien werden dann nur mehr teilweise dem Sperrmüll zugerechnet bzw. finden sich in der jeweiligen Altstofffraktion des betreffenden Bundeslandes wieder.

Sammlung und Transport:

In Anpassung an die siedlungsstrukturellen Verhältnisse werden bei der Sperrmüllsammlung Bring- und Holsysteme eingesetzt. In Ballungsräumen haben sich Kombinationen aus ständigen ortsfesten Einrichtungen für sperrige Altstoffe und Sperrmüll (Recyclinghöfe, Altstoffsammelzentren, Mistplätze) einerseits und einer Abholung ab Haus auf Anforderung andererseits bewährt. In dünner besiedelten, ländlichen Bereichen werden periodische Straßensammlungen durchgeführt. Ein- bis mehrmal pro Jahr wird an festgesetzten Tagen eine Sammelstrecke abgefahren. Nachteilig an diesem System ist die fehlende Möglichkeit der Zuordnung von straßenseitig abgestelltem Sperrmüll zu „seinem" Abfallbesitzer. Dementsprechend enthalten diese Mengen hohe Anteile anderer Abfallfraktionen wie Restmüll, Baurestmassen, Elektronikschrott, u.a.

Eine Reduzierung der Sperrmüllmengen kann durch eine konsequente Getrenntsammlung verwertbarer Stoffe am Entstehungsort erfolgen.

Möglichkeiten einer getrennten Erfassung und Verwertung dieser Stoffe sind z.B.:

- Nutzung einer Sperrmüllbörse (kostenlose Abgabe gut erhaltener Möbel, funktionsfähiger Haushaltsgroßgeräte usw. an andere Bürger)
- Übergabe von verwertbaren Stoffen an einen Recyclinghof (z.B, Altholz, Schrott)
- Nutzung von Schrottsammlungen
- Rückgabe von Haushaltsgroßgeräten über den Handel

Bei Sammlungen durch Abfallwirtschaftsverbände, Gemeinden u.a. haben sich Sammelsysteme bewährt, die eine getrennte Vorerfassung von

- Metallen
- behandeltem und unbehandeltem Holz
- Elektronikschrott
- Strauch- und Baumschnitt

am Anfallsort ermöglichen. Da die Einsammlung des restlichen Sperrmülls in der Regel mit Preßmüllfahrzeugen erfolgt, ist danach eine Aussortierung von verwertbaren Stoffen nur noch erschwert möglich.

Verwertung und Behandlung:

Getrennt erfaßte Altmetalle aus dem Sperrmüll gelangen in Anlagen zur stofflichen Verwertung dieser Fraktion; abgesammeltes behandeltes und unbehandeltes Altholz (zumeist Altmöbel) wird großteils in thermischen Anlagen unter Nutzung des Energieinhalts verbrannt; Elektronikschrott wird in speziellen Anlagen zerlegt, verwertbare Fraktionen werden ausgebaut und der nicht verwertbare Anteil thermisch behandelt und/oder deponiert; Strauch- und Baumschnitt gelangt als Strukturmaterial in Anlagen zur Kompostierung biogener Abfälle bzw. gemeinsam mit Altholz in thermische Behandlungsanlagen.

Der nicht mehr verwertbare Sperrmüll wird - meist nach einem Zerkleinerungsvorgang - thermisch behandelt und/oder deponiert.

Tabelle 8: Sperrmüllaufkommen nach Bundesländern 1996

Bundesländer	**in t**	**in kg/Ew**
Burgenland	5.700	21
Kärnten	17.900	32
Niederösterreich	54.900	36
Oberösterreich	32.200	23
Salzburg	20.100	39
Steiermark	36.300	30
Tirol	22.400	34
Vorarlberg	3.200	9
Wien	28.200	18
Österreich	**220.900**	**27**

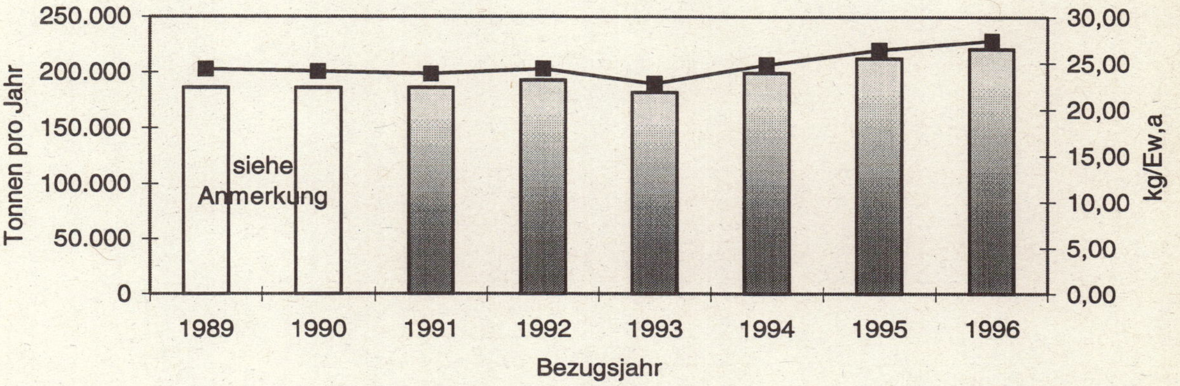

Abbildung 3: Entwicklung des Aufkommens von Sperrmüll

Anmerkung: Angaben zum Sperrmüll 1989 und 1990 sind nicht möglich, da erst seit 1991 bundesweit getrennte Massenangaben für Restmüll und Sperrmüll vorliegen. In den genannten Jahren wurde der Sperrmüll noch gänzlich dem Restmüll zugerechnet und von den meisten Bundesländern generell in einer Masse angegeben.

<u>Abschätzung der zukünftigen Entwicklung:</u>

Seit Ende der achtziger Jahre steigen die Massen des erfaßten Sperrmülls stetig an. Die Zunahme ist auf einen gestiegenen Lebensstandard und auf eine damit verbundene, größere Menge an konsumierten Gütern zurückzuführen. Da das Lohnniveau stärker anstieg als das Preisniveau, verloren Möbel und Hausrat - die Hauptbestandteile des Sperrmülls - relativ an Wert. Damit verringerte sich auch deren Nutzungsdauer („subjektiver Wertverlust"). Dieser Prozeß wurde durch industrielle Fertigungsmethoden forciert, bei denen Materialien minderer Haltbarkeit (z.B. Holzfaser- oder Preßspanplatten statt Vollholz) eingesetzt werden, wodurch sich die Lebensdauer der Produkte verringert („objektiver Wertverlust").

Da auch in Zukunft nicht mit einem Ende dieser Entwicklung zu rechnen ist, wird das Sperrmüllaufkommen in den nächsten Jahren weiter ansteigen.

2.1.2.3 Altstoffe

Definition:

Altstoffe sind Abfälle, die einer Wiederverwendung, als Sekundärrohstoffe einer stofflichen Verwertung bzw. als Energieträger einer energetischen Verwertung zugeführt werden oder werden können.

Zusammensetzung:

Getrennt gesammelte Verpackungen und sonstige Altstoffe, bestehend aus Papier, Karton, Pappe, Wellpappe, Weißglas, Buntglas, FE-Metall, NE-Metall, diversen Kunststoffen, Verbundstoffen, Textilien, Holz u.a.

Gesamtaufkommen 1996 in t:

Tabelle 9: Altstoffaufkommen nach Bundesländern 1996

Bundesländer	in t	in kg/Ew
Burgenland	26.300	96
Kärnten	49.300	88
Niederösterreich	167.300	110
Oberösterreich	143.200	104
Salzburg	47.300	93
Steiermark	137.200	114
Tirol	84.800	129
Vorarlberg	40.900	119
Wien	182.400	114
Österreich	**878.700**	**109**

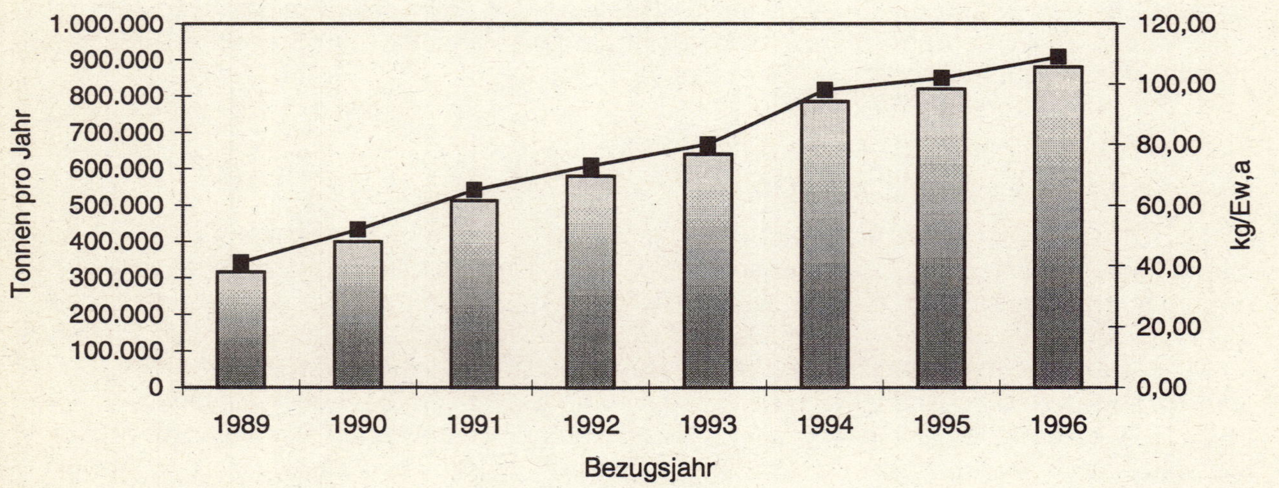

Abbildung 4: Entwicklung des Aufkommens an getrennt gesammelten Altstoffen

Sammlung und Transport:

Die Erfassung der Altstoffe erfolgt über verschiedene Systeme, wobei die Abfuhr in Abständen von einer Woche bis zu zwei Monaten erfolgt:

- Bei *Einstoffsammlungen* wird in der Altstofftonne bzw. im Altstoffsack nur eine Fraktion gesammelt. Hierdurch ist ein hoher Reinheitsgrad zu erhalten, die Vermarktung der Altstoffe wird erleichtert und die Sortierung kann mit einfachen technischen Hilfsmitteln bzw. mit manueller Unterstützung erfolgen.
- Bei *Mehrstoffsammlungen* werden mehrere Altstoffe gemeinsam in einem Behältnis erfaßt. Die aufwendige Trennung der Altstoffe erfolgt in einer zentralen Sortieranlage. Die Vermischung der verschiedenen Altstoffe kann zu Qualitätsverminderungen der Fraktionen führen.
- Beim *Holsystem* werden die Altstoffe, meist in Gebieten mit hoher Siedlungsdichte, direkt von den Haushalten abgeführt. Durch den Wegfall von Transportwegen ergibt sich eine hohe Benutzerfreundlichkeit für die Haushalte. Damit werden bei den gesammelten Altstoffen hohe Erfassungsquoten in guter Sammelqualität erreicht.
- Beim *Bringsystem* werden die Altstoffe, meist in Gebieten mit niedriger Siedlungsdichte, von den Haushalten zu einzeln aufgestellten Sammelcontainern, zu einer Sammelstelle mit Containern für mehrere Altstoffe oder zu Altstoffsammelzentren gebracht, die Sammelmöglichkeiten für sämtliche Altstoffe, für Sperrmüll, für Problemstoffe u.a. bieten.

An die Systeme zur getrennten Sammlung werden folgende Anforderungen gestellt:

- Möglichst sortenreine Erfassung der einzelnen Altstofffraktionen
- Möglichst vollständige Erfassung der Altstoffe
- Minimierung der Kosten der getrennten Sammlung
- Benutzerfreundlichkeit und Verständlichkeit der Sammelsysteme
- Möglichst geringer Platzbedarf
- Minimierung von Transportwegen

Die getrennte Sammlung und Verwertung von Altstoffen und biogenen Abfällen bringt zahlreiche positive ökologische Folgewirkungen mit sich:

- Verringerung der Restmüllmenge
- Schonung von Deponieraum
- Verbesserung der Qualität des Restmülls
- Schonung von natürlichen Ressourcen durch die Schließung von Kreisläufen
- Einsparung von Energie und Wegfall von Umweltbelastungen und Emissionen, die bei der Gewinnung von Primärrohstoffen anfallen würden.

Dabei muß beachtet werden, daß die Vermeidung von Abfällen Vorrang vor der Verwertung der getrennt erfaßten Altstoffe haben muß. Transportwege müssen minimiert werden und für die getrennt erfaßten Altstoffe müssen ökologisch sinnvolle Verwertungsverfahren existieren.

Seit 1993 ist die „Altstoff Recycling Austria (ARA)“ das bundesweite Sammel- und Verwertungssystem für sämtliche Verpackungen, u.a. aus Haushalten. Das ARA System ist arbeitsteilig organisiert und setzt sich aus der ARA und acht wirtschaftlich selbständigen Unternehmen (Branchenrecycling-Gesellschaften - BRG) zusammen. Die interne Zusammenarbeit ist in Entsorgungsverträgen geregelt. Die Branchenrecycling-Gesellschaften sind die „beauftragten Dritten“ im Sinne der Verpackungsverordnung. Sie organisieren die Sammlung, Sortierung und Verwertung der Verpackungen aus Haushalten. Die BRG haben dazu ihrerseits lokale Entsorgungsunternehmen mit der Durchführung der Sammlung, Sortierung und/oder Verwertung beauftragt und arbeiten dabei mit Abfallwirtschaftsverbänden, Gemeinden und privaten Unternehmen zusammen.

Tabelle 10: Branchenrecycling-Gesellschaften und ihre Zuständigkeiten

BRANCHENRECYCLING-GESELLSCHAFT	ZUSTÄNDIGKEIT
Altpapier Recycling Organisation (ARO)	Sammlung und Verwertung von Verpackungen aus Papier, Karton, Pappe und Wellpappe
Austria Glas Recycling (AGR)	Sammlung und Verwertung von Verpackungen aus Glas
Arbeitsgemeinschaft Verpackung (ARGEV)	Sammlung von Verpackungen aus Kunststoff, Materialverbunden, Metall, Holz, textilen Faserstoffen und Keramik
Ferropack	Verwertung von Verpackungen aus Fe-Metallen (Weißblech, Stahl)
Aluminium Recycling (ALU REC)	Verwertung von Verpackungen aus Aluminium
Österreichischer Kunststoff Kreislauf (ÖKK)	Verwertung von Verpackungen aus Kunststoff
Arbeitsgemeinschaft Verbundmaterialien (AVM)	Verwertung von Verpackungen aus Materialverbunden (Ausnahme: Getränke-Verbundkartons)
Verein für Holzpackmittel (VHP)	Verwertung von Verpackungen aus Holz

Weiters existiert außerhalb des ARA-Systems die Sammelgesellschaft „Ökobox", die für die Sammlung von Getränkeverbundkartons zuständig ist.

<u>Verwertung:</u>

Detaillierte Angaben bei den jeweiligen Einzelfraktionen

Tabelle 11: Altstoffe 1996 - Aufkommen und Potentiale

	in t	in kg/Ew
Gesamtes Aufkommen	**1.560.000**	193
Sammelpotential	**maximal 1.100.000**	136
Getrennte Erfassung	879.000	109
davon: Altpapier	439.000	54
Altglas	183.000	23
Altmetalle	126.000	16
Altkunststoffe	73.000	9
Altmaterialverbunde	9.000	1
Alttextilien	18.000	2
Altholz	22.000	3
Sonstige Altstoffe	9.000	1
Potential der noch möglichen getrennten Erfassung	**über 200.000**	**27**

Abschätzung der zukünftigen Entwicklung:

Die getrennte Sammlung von Altstoffen wird sich in den nächsten Jahren weiterhin verstärken, wobei höhere Erfassungspotentiale noch bei den Fraktionen „Papier“ und „Leichtfraktion“ möglich sind.

Papier, Karton, Pappe und Wellpappe

Zusammensetzung:

Drucksorten, Verpackungen, sonstige Papiere aus Papier, Karton, Pappe und Wellpappe

Gesamtaufkommen 1996 in t:

Tabelle 12: Getrennte Erfassung von Altpapier nach Bundesländern 1996

Bundesländer	in t	in kg/Ew
Burgenland	13.500	49
Kärnten	26.800	48
Niederösterreich	74.400	49
Oberösterreich	65.800	48
Salzburg	21.400	42
Steiermark	67.400	56
Tirol	38.700	59
Vorarlberg	21.600	63
Wien	109.300	69
Österreich	**438.900**	**54**

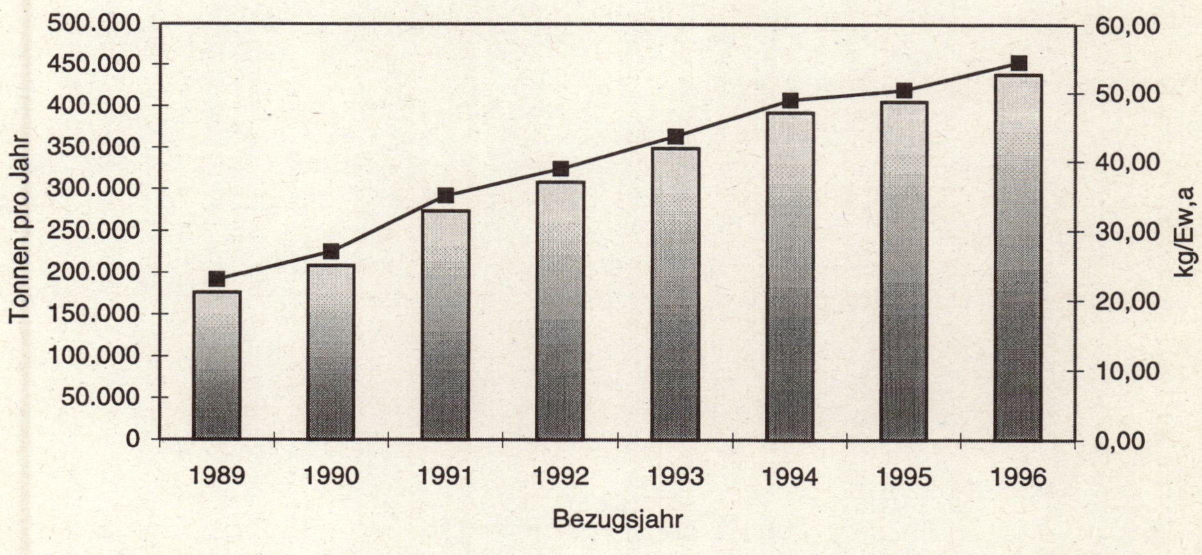

Abbildung 5: Entwicklung des Aufkommens von Altpapier

Sammlung und Transport:

Zur Umsetzung der Verpackungsverordnung haben im Oktober 1992 sechzehn österreichische papiererzeugende und -verarbeitende Unternehmen für den Bereich aller Verpackungen aus Papier, Karton, Pappe und Wellpappe (Papierverpackungen) die Altpapier Recycling Organisation (ARO) gegründet.

Diese ist seit 1. Oktober 1993 sowohl Sammel- als auch Verwertungsgarantiegeber für Papierverpackungen.

Um die flächendeckende Sammlung von Papierverpackungen sicherzustellen, hat die ARO mit rd. 550 Gebietskörperschaften und Abfallverbänden sowie mit rd. 80 Entsorgungsunternehmen Vereinbarungen geschlossen.

Die Gemeinden und Verbände sind generell mit der haushaltsnahen Sammlung, die Entsorgungsunternehmen mit operativen Leistungen für die Sammlung aus Handel, Gewerbe und Industrie beauftragt.

Für die Konzeption des Sammelsystems konnte die ARO mit Beginn ihrer operativen Tätigkeit eine ausgebaute Sammellogistik miteinbeziehen (Dichte des Sammelnetzes, erzielte Rücklaufquoten).

Altpapier ist ein wichtiger Rohstoff für die papiererzeugende Industrie. Insbesondere die traditionell exportorientierte, heimische Papierproduktion verfügt über große Verwertungskapazitäten, die durch das Inlandsaufkommen allein nicht ausgelastet werden können. In Österreich wurde 1996 bei Altpapier eine Sammelquote von rd. 71 % erreicht. Für Papierverpackungen lag dieser Wert sogar bei 80 %. Trotz dieser guten Werte müssen die österreichischen papierverwertenden Unternehmen nach wie vor über 500.000 t Altpapier zur Abdekkung des Jahresbedarfs von rd. 1,4 Mio t importieren.

Unter diesen Voraussetzungen wird in Österreich Altpapier bereits seit Jahrzehnten gesammelt und verwertet. Über die vorhandene Sammellogistik werden Papierverpackungen gemeinsam mit anderen Papiererzeugnissen (Zeitungen, Drucksorten) erfaßt.

Entsprechend ihrer historischen Entwicklung gibt es charakteristische Unterschiede in den Sammelsystemen der einzelnen Regionen. Die Altpapiersammlung erfolgt, bezogen auf das gesamte Bundesgebiet, zum größten Teil im Bringsystem. Daneben gibt es Holsysteme (z.B. in großen Teilen Niederösterreichs) und insbesondere in größeren Städten Kombinationen von Hol- und Bringsystemen.

Die unterschiedlichen spezifischen Sammelleistungen in den einzelnen Bundesländern weisen keine Vergleichszahlen zum „Umweltbewußtsein“ der Bevölkerung aus, sondern sind in erster Linie auf regional unterschiedliche Haushalts- und Sammelstrukturen zurückzuführen. So ist etwa in Wien die Pro-Kopf-Sammelmenge am höchsten, weil das Altpapier aus gewerblichen Kleinanfallstellen zum Teil über die Haushaltssammlung entsorgt wird. In mehreren Bundesländern werden die Werte durch den Tourismus beeinflußt.

Neben der haushaltsnahen Behältersammlung stehen den Konsumenten bundesweit rd. 1.000 Recyclinghöfe zur Abgabe von Papierverpackungen zur Verfügung.

Verwertung:

Altpapier ist in der Papiererzeugung bereits der wichtigste Rohstoff. Zahlreiche technische Weiterentwicklungen zielen darauf ab, die Einsatzfelder für Altpapier zu erweitern.

Es existieren mehr als 40 verschiedene Altpapiersorten, die im wesentlichen in gemischtes (Verpackungen und sonstiges Altpapier) und sortenreines Material zu unterteilen sind. Die für bestimmte Papierprodukte erforderliche Sortenreinheit wird erzielt, indem die gewünschte Qualität bereits bei der Erfassung erreicht wird, wie dies vor allem bei Altpapier aus Handel, Gewerbe und Industrie der Fall ist. Zum anderen müssen spezifische, für die Produktion erforderliche Qualitäten durch Sortierung gewonnen werden. Dies gilt für den Großteil der

Altpapiermenge aus der haushaltsnahen Sammlung. In diesem Bereich wird mehr als die Hälfte der Sammelware sortiert und die Verpackungen sowie das sonstige Altpapier (Zeitungen, Illustrierte) getrennt verwertet.

Neben Hygienepapieren und Zeitungsdruckpapieren ist die Produktion von Vorprodukten für die Verpackungserzeugung ein wesentlicher Einsatzbereich für Altpapier.

Verpackungen aus Papier, Karton, Pappe und Wellpappe werden in Österreich zu einem hohen Anteil, manche Produkte bereits zur Gänze aus Altpapier hergestellt.

Das gesammelte und sortierte Altpapier wird in Österreich zur Gänze einer stofflichen Verwertung zugeführt. Allerdings sind der Verwertung von Altpapier auch technische Grenzen gesetzt: Jede Recyclingstufe führt zu einer Abnützung, also zu einer Veränderung der physikalischen Eigenschaften durch Verlust an Festigkeit und damit zu einer Qualitätsminderung des Fasermaterials. Im Durchschnitt können Fasern etwa sechsmal im Recycling eingesetzt werden, ehe sie schließlich gemeinsam mit Verunreinigungen und Farbresten als „Reject" aus dem Produktionsprozeß ausgeschieden und teils verbrannt und/oder deponiert werden.

Tabelle 13: Altpapier 1996 - Aufkommen und Potentiale

	in t	in kg/EW
Gesamtes Aufkommen	615.000	76
Sammelpotential	495.000	61
Getrennte Erfassung	438.900	54
Potential der noch möglichen getrennten Erfassung	**über 55.000**	

Abschätzung der zukünftigen Entwicklung:

Die getrennte Erfassung von Altpapier wird sich auf Grund eines Erfassungspotentials von weiteren rd. 50.000 t in den nächsten Jahren voraussichtlich noch ausweiten.

Glas

Zusammensetzung:

Verpackungen aus Weißglas und Buntglas (Grünglas, Braunglas)

Gesamtaufkommen 1996 in t:

Tabelle 14: Getrennte Erfassung von Altglas nach Bundesländern

Bundesländer	in t	in kg/Ew
Burgenland	6.000	22
Kärnten	12.700	23
Niederösterreich	29.600	19
Oberösterreich	31.000	23
Salzburg	12.100	24
Steiermark	30.600	25
Tirol	23.700	36
Vorarlberg	10.200	30
Wien	26.800	17
Österreich	**182.700**	**23**

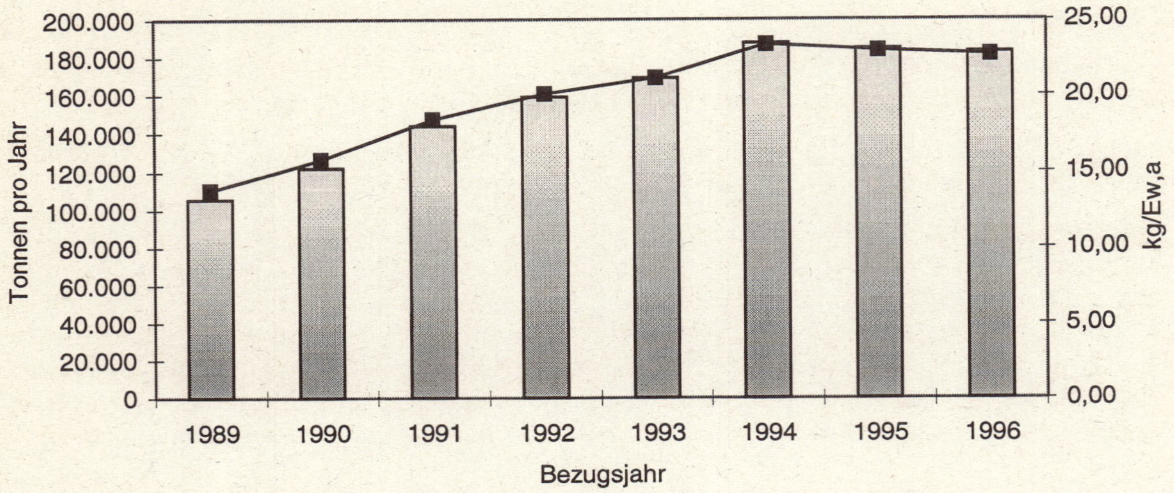

Abbildung 6: Entwicklung des Aufkommens von Altglas

Sammlung und Transport:

Seit 1989 hat die Austria Glas Recycling (AGR) das bestehende System für die bundesweite Altglassammlung übernommen und als Behältersammlung weiter aufgebaut. Im Laufe der Jahre entstand eine flächendeckendes Sammelsystem für die Altglassammlung in Österreich - vorwiegend ein Bringsystem mit Großbehältern auf zentralen Standorten.

Seit Inkrafttreten der Verpackungsverordnung 1993 fungiert die AGR als Sammel- und Verwertungsgarantiegeber für lizensierte Verpackungen aus Glas. Zur Umsetzung der flächendeckenden Sammlung wurden mit 546 Gebietskörperschaften und Abfallverbände sowie mit 44 spezialisierten Entsorgungsunternehmen entsprechende Vereinbarungen geschlossen.

Altglas wird getrennt nach Weißglas (rd. 52 %) und Buntglas (Grünglas, rd. 48% - vereinzelt auch Braunglas) gesammelt. Nach Herkunft der Sammelware werden eine kommunale, eine öffentlich-gewerbliche sowie eine gewerbliche Schiene unterschieden. Die kommunale oder haushaltsnahe Sammlung wird dabei auf öffentlich zugänglichen Behälterstandplätzen durchgeführt.

Gesammelt werden alle Formen und Größen von Glasverpackungen (Flaschen, Weithalsgläser). Fensterglas oder anderes Flachglas darf nicht in die Altglascontainer eingebracht werden, weil diese Materialien durch eine andere Glasrezeptur einen Störstoff darstellen und zu Produktionsstörungen führen können.

Die Sammelbehälter werden im Durchschnitt 17 mal pro Jahr entleert, wobei auf Grund der jeweiligen Gegebenheiten die Entleerfrequenz regional sehr unterschiedlich sein kann. So wird im städtischen Bereich oft wöchentlich entleert, während in eher dünn besiedelten oder abgelegenen Gebieten viermal jährlich entsorgt wird.

Die Sammelergebnisse 1995 und 1996 liegen jeweils unter dem Vorjahreswert und sind somit erstmals rückläufig. Dies resultiert aus der Tatsache, daß der Verbrauch von Glasverpackungen in Österreich z.B. im Jahr 1995 um fast 5 % zurückgegangen ist. Der Packstoff Glas wurde vor allem im Limonadenbereich substituiert. Aber auch die stagnierende Tourismusbranche war mit ausschlaggebend. Vor allem in den Fremdenverkehrsregionen in West-Österreich war die Sammelmenge im Vergleich zum Vorjahr geringer.

Verwertung:

Das sortierte Altglas wird zu 100 % verwertet. Der Hauptabnehmer ist die österreichische Verpackungsglasindustrie über die Firmen Vetropack mit Glashütten in Pöchlarn und Kremsmünster (vormals: Lutzky Glas) und Stölzle Oberglas (Werk in Köflach). Stölzle Oberglas benötigt nur geringe Mengen, da vor allem Flacons und andere qualitativ höherwertige Produkte erzeugt werden. Vetropack produziert vornehmlich Glasflaschen für die Getränkeindustrie und hat einen entsprechend hohen Bedarf.

Etwa 20 % des Altglases werden exportiert, aus logistischen Gründen findet dafür Sammelgut aus „grenznahen" Regionen Verwendung. Exportiert wird nach Italien, Deutschland und Tschechien.

Wichtig ist die Trennung in Weiß- und Buntglas, da die Rohstoffe in getrennten Weiß- und Grünglaswannen eingeschmolzen werden und gerade die weißen Qualitäten besonders empfindlich gegen Störstoffe (Verfärbungen) sind.

Die Qualität der Sammelware ist entscheidend für die Aufbereitungskosten und damit für die Vermarktungsmöglichkeit. Das Altglas wird beim Umladen vom Sammelfahrzeug über Zwischenlager auf Schiene oder LKW vorsortiert, die endgültige Aussortierung der Störstoffe findet in den Glashütten statt. Besonderes Augenmerk wird dabei auf die Störstoffe Metall und Keramik gelegt.

Die Fehlwürfe betragen im österreichweiten Durchschnitt nur einige Masseprozent. Die Fehlwürfe liegen bei der Weißglassammlung etwas höher, da unsachgemäß immer wieder Fensterglas in diese Behälter abgegeben wird. Auch Mehrweggebinde finden - trotz der vorgesehenen Rückgabe im Handel - nach wie vor den Weg in Altglascontainer.

Tabelle 15: Altglas 1996 - Aufkommen und Potentiale

	in t	in kg/Ew
Gesamtes Aufkommen	240.000	30
Sammelpotential	195.000	24
Getrennte Erfassung	182.700	23
Potential der noch möglichen getrennten Erfassung	**über 12.000**	

Abschätzung der zukünftigen Entwicklung:

Durch den Rückgang des bundesweiten Einsatzes von Glasverpackungen wird die getrennte Sammlung von Altglas stagnieren bzw. leicht zurückgehend.

Metalle

Zusammensetzung:

Die Fraktion der Altmetalle hat im Vergleich zu Altpapier oder Altglas keine homogene Zusammensetzung und beinhaltet

- Metallverpackungen, d.s. Getränkeverpackungen, Verpackungen für Lebensmittel und Tiernahrung u.a.

- Kleinmetalle, d.s. metallische Gebrauchsgegenstände aus dem Haushalt, dem Garten, dem Hobbybereich u.a.
- Metalle aus Sperrmüllsammlungen, d.s. sperrige Metallteile, die wegen ihrer Beschaffenheit nicht durch die ortsüblichen Altmetallsammelsysteme erfaßt werden konnten

Gesamtaufkommen 1996 in t:

Tabelle 16: Getrennte Erfassung von Altmetallen nach Bundesländern 1996

Bundesländer	**in t**	**in kg/Ew**
Burgenland	1.700	6
Kärnten	3.000	5
Niederösterreich	40.500	27
Oberösterreich	25.400	18
Salzburg	6.300	12
Steiermark	20.900	17
Tirol	10.300	16
Vorarlberg	2.500	7
Wien	15.700	10
Österreich	**126.300**	**16**

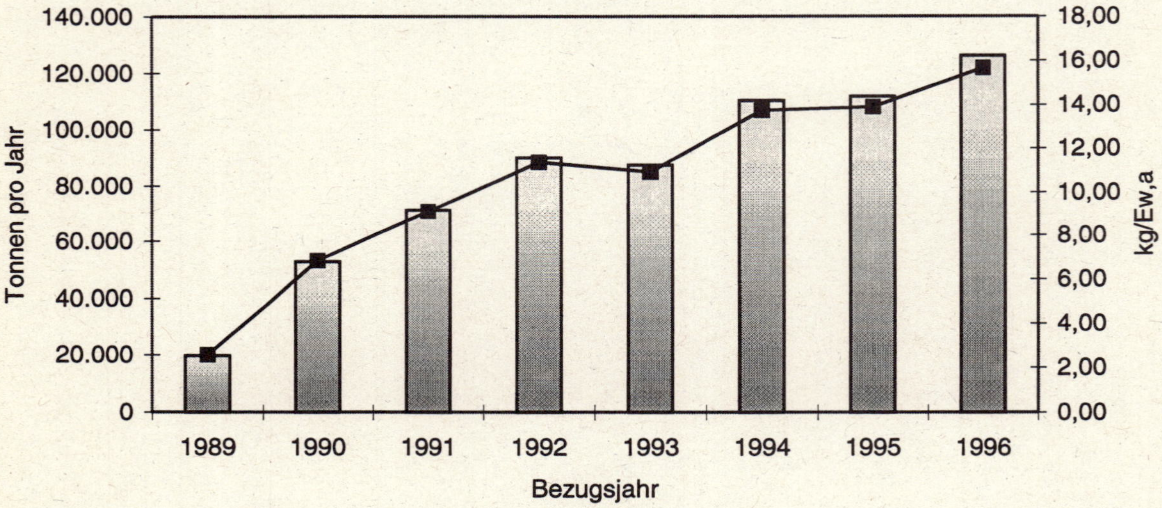

Abbildung 7: Entwicklung des Aufkommens von Altmetallen

Sammlung und Transport:

Getränkeverpackungen aus Metall werden seit September 1991, Verpackungen für Lebensmittel und Tiernahrung seit April 1992 über ein Sammelsystem im Auftrag der Arbeitsgemeinschaft Verpackungsverwertung (ARGEV) getrennt gesammelt. Altmetalle aus der Sperrmüllsammlung werden entweder von den Kommunen selbst getrennt erfaßt und dem Altmetallhandel angeliefert oder in deren Auftrag vor der Abfuhr des Sperrmülls von Altmetallhändlern selbst gesammelt. Kleinmetalle aus Haushalten werden teilweise über das flächendeckende Sammelsystem für Metallverpackungen oder über Altstoffsammelzentren miterfaßt und einer Verwertung zugeführt.

In einigen ausgewählten Regionen werden Leichtverpackungen und Metalle gemischt gesammelt und anschließend sortiert. Dadurch soll erprobt werden, ob durch neue Sortiertechnologien und Transportoptimierungen Kosteneinsparungen möglich sind.

Aus der Schlacke der zwei Wiener Müllverbrennungsanlagen Spittelau und Flötzersteig werden Eisenmetalle abgetrennt und als Schrott verwertet. Im Jahr 1996 konnten dadurch zusätzlich 6.766 t Metalle einer Verwertung zugeführt werden. Diese Masse ist nicht in der Masse der getrennt erfaßten Metalle 1996 in Wien enthalten.

Verwertung:

FE-Metalle

FerroPack ist Verwertungsgarantiegeber für Verpackungen aus FE-Metallen (Weißblech, Stahl) und wurde zur Jahresmitte 1993 von den einschlägigen österreichischen Packmittelherstellern gegründet.

Die ARGEV ist verantwortlich für Sammlung und Konditionierung der getrennt erfaßten FE-Metallverpackungen; die FerroPack garantiert die verordnungskonforme Verwertung und führt die gesammelten und konditionierten Verpackungen dem Recycling in der Stahlindustrie zu.

Stahlblech, das in der Regel mit Zinn zu Weißblech veredelt wird, bildet das Ausgangsmaterial für die Herstellung von Dosen, Kanistern, Verschlüssen und anderen Packmitteln. Das Anwenderspektrum reicht dabei von der Getränkeindustrie über die Nahrungs- und Genußmittelbranche bis zum chemisch-technischen Füllgüterbereich.

Das gesammelte Material wird durch Magnetabscheidung in Sortieranlagen maschinell sortiert oder in Shredderbetrieben abgetrennt, konditioniert und so für den Einsatz im Stahlwerk aufbereitet. Produkte wie Automobil- und Zugkomponenten, Hochgeschwindigkeitsschienen, Armierungsgitter, Gehäuse für Waschmaschinen u.a. sind das Ergebnis dieses Recyclingprozesses.

Mehr als 28.000 t an Weißblech- und Stahlverpackungen konnten 1996 der Wiederverarbeitung in der Stahlindustrie zugeführt werden und wurden zu 100 % stofflich verwertet.

NE-Metalle

Die Aluminium Recycling (ALU REC) ist Verwertungsgarantiegeber für Aluminiumverpackungen. Die Sammlung und Sortierung der Aluminiumverpackungen liegt im Bereich der ARGEV.

Aluminium wird in der Verpackungstechnik in erster Linie als blanke Folie (Haushaltsfolie, Schokoladefolie etc.) oder als lackiertes bzw. bedrucktes Aluminium (Getränkedosen, Joghurtbecherdeckel etc.) eingesetzt. Darüber hinaus findet Aluminium in Materialverbunden gemeinsam mit anderen Packstoffen (Kunststoff, Papier) Verwendung.

Die Aluminiumverpackungen werden aus der Metallsammelware der ARGEV entweder durch händische Positivsortierung aussortiert oder mit Hilfe von Wirbelstromabscheidern abgetrennt.

Für das Wiederaufschmelzen von Aluminium benötigt man nur etwa 5 % der Energie, die zur Herstellung der gleichen Menge Primärmaterials erforderlich wäre. Aluminium hat außerdem den Vorteil der unbegrenzten Wiedereinsetzbarkeit und Verwertbarkeit, ohne daß seine spezifischen Eigenschaften verlorengehen.

Da die Rücklaufmengen von gebrauchten Aluminiumverpackungen noch nicht sehr groß sind, werden diese Stoffe meist mit anderen Schrotten gemeinsam eingesetzt und daraus vor allem Gußteile produziert. Dort, wo genügend große Mengen vorhanden sind, existieren bereits geschlossene Kreisläufe.

Die Gesamtmenge der 1996 verwerteten Aluminiumverpackungen betrug rd. 2.400 t. Die Verwertung der gesammelten Aluminiumverpackungen erfolgt ausschließlich in zwei heimischen Betrieben.

Tabelle 17: Altmetalle 1996 - Aufkommen und Potentiale

	in t	in kg/Ew
Gesamtes Aufkommen	185.000	23
Sammelpotential	155.000	19
Getrennte Erfassung	126.200	16
Potential der noch möglichen getrennten Erfassung	**rd. 30.000**	

Abschätzung der zukünftigen Entwicklung:

Eine Steigerung der getrennten Erfassung von Altmetallen ist bei einer Ausschöpfung des Erfassungspotentials für Metallverpackungen bzw. bei verstärkter Absammlung von Metallen aus dem Sperrmüll absehbar.

Kunststoffe

Zusammensetzung:

Verpackungen aus Kunststoffolien und -körpern

Gesamtaufkommen 1996 in t:

Tabelle 18: Getrennte Erfassung von Altkunststoffen nach Bundesländern 1996

Bundesländer	**in t**	**in kg/Ew**
Burgenland	4.200	15
Kärnten	4.800	9
Niederösterreich	18.500	12
Oberösterreich	16.900	12
Salzburg	6.600	13
Steiermark	16.200	13
Tirol	9.500	14
Vorarlberg	4.800	14
Wien	8.200	5
Österreich	**89.700**	**11**

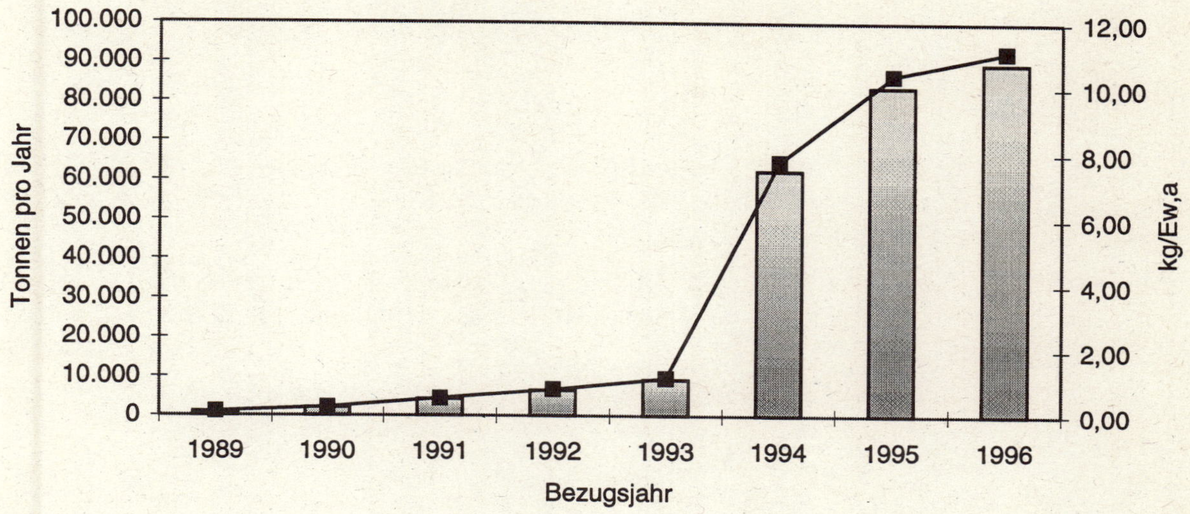

Abbildung 8: Entwicklung des Aufkommens von Verpackungen aus Kunststoff bzw. Leichtfraktion

Sammlung und Transport:

Die „Österreichischer Kunststoff Kreislauf" (ÖKK) ist u.a. für die Organisation und Koordination der Verwertung von Kunststoff-Verpackungen zuständig. Die Mitglieder des ÖKK sind 52 Kunststofferzeuger und Kunststoffverarbeiter sowie Sammelorganisationen und Recyclingbetriebe.

Die Arbeitsgemeinschaft Verpackung (ARGEV) wurde 1990 gegründet, um die Getränkezielverordnung, BGBl. Nr. 516/1990, umzusetzen. Diese Zielverordnung setzte der österreichischen Wirtschaft erstmals quantitative abfallwirtschaftliche Ziele in Form von Wiederverwendungsquoten für Getränkeverpackungen und überließ es den betroffenen Branchen, entsprechende Maßnahmen zu ergreifen.

Seit 1. Oktober 1993 ist die ARGEV verantwortlich für die Sammlung, Sortierung und Konditionierung von Verpackungen aus Kunststoff (im weiteren auch für Metall, Holz, textilen Faserstoffen, Keramik und Materialverbunden).

55 Regionalpartner - Entsorgungsunternehmen, Kommunen und Arbeitsgemeinschaften - betreiben das Sammelsystem im Auftrag der ARGEV, etwa noch einmal so viele Unternehmen und Einrichtungen sind im Subauftrag als Sammler oder als Betreiber von Sortieranlagen tätig.

Verpackungen aus Kunststoffen werden im Gelben Sack oder in der Gelben Tonne gesammelt. Dieses System steht auch für Materialverbunde, kleine Holz-, Textil- und Keramikverpackungen zur Verfügung. Die Sammlung geschieht über das Sammelsystem „Abholung ab Haus" (Holsystem). Dabei erhalten die Haushalte Gelbe Säcke oder eine eigene Gelbe Tonne zusätzlich zum Restmüllbehälter. Zusätzlich stehen öffentliche Sammelbehälter und mehrere hundert Recyclinghöfe für die Leichtverpackungssammlung zur Verfügung.

Bis heute gibt es eine Kooperation mit der Öko Box Sammelgesellschaft. Die ARGEV-Leichtverpackungssammlung steht dabei vor allem dort als flächendeckendes Sammelsystem für Getränkeverbundkartons zur Verfügung, wo durch die Öko Box Sammelgesellschaft keine Sammlung mit Bag oder Box erfolgt. 1996 wurden mit der ARGEV-Sammlung rd. 8.500 t Getränkeverbundkartons erfaßt.

Die gesammelten Altstoffe werden in 43 Sortieranlagen von Müll und stoffgleichen Nicht-Verpackungen befreit, nach den Vorgaben und Qualitätsstandards der Verwertungs-BRG sortiert und der Verwertung zugeführt.

Verwertung:

Die für die Verwertung der gesammelten Leichtverpackungen verantwortliche ÖKK legt die Kriterien für die Sortierung der Kunststoff-Verpackungen fest und kontrolliert Qualität und Sortenreinheit der gesammelten Verpackungen.

1996 wurden über 40.000 t Kunststoffverpackungen von der ÖKK einer stofflichen Verwertung zugeführt, der Großteil davon in Österreich, kleinere Anteile in der Schweiz und in den Niederlanden.

LDPE-Folien

LDPE (Low Density Polyenthylen) ist das Material, aus dem die meisten Folien-Verpackungen hergestellt werden: Tragetaschen, Palettenverpackungen, Säcke etc. Bei der Herstellung kann vielfach auch Recyclat eingesetzt werden, so z.B. für Müllsäcke und „Gelbe Säcke", Rohre, Bauelemente, Eimer, Tröge etc.

HDPE-Hohlkörper

HDPE (High Density Polyethylen) wird vorwiegend für die Produktion von Spül-, Wasch- und Reinigungsmittelflaschen sowie für Kanister, Eimer und Getränkekisten eingesetzt und auch wieder dazu verwertet. In der Mischung mit LDPE-Recyclat entstehen Profile, Rohre und Abdeckplatten.

PET - Getränkeflaschen

PET (Polyethylenterephthalat) wurde bisher vorwiegend als leichtes und bruchsicheres Verpackungsmaterial für Einweg- oder Mehrweg-Limonadenflaschen eingesetzt, aber auch im Non-food-Bereich als Schachtel, Blister oder als Sichtfenster. Im Vergleich zu den anderen Verpackungskunststoffen ist PET ein teures Material. Dies führt zu einer hohen Nachfrage nach dem Recyclat und zu Verwertungserlösen für die gesammelten Altstoffe.

Die gemahlenen Flocken des PET-Recyclats können als Mittelschicht zwischen zwei Schichten aus Neuware wieder für Getränkeflaschen eingesetzt werden. Spülmittelflaschen können zur Gänze aus PET-Recyclat erzeugt werden. Auch können wieder Folien aus dem aufbereiteten PET produziert werden, die dann zu Tiefziehschalen oder anderen Verpakkungen werden. Ein weiterer Einsatzbereich für PET-Recylat, bei dem die Farbe oft keine Rolle spielt, ist der Faser-Bereich, z.B. für wärmedämmende Füllungen in Schlafsäcken oder Anoraks sowie Polyesterfasern für Teppiche, Sporttaschen oder reißfeste Gewebe.

PS / PP - Becher

PS (Polystyrol) und PP (Polypropylen) werden häufig als Becher für Joghurt und andere Milchprodukte, Margarine und Fette eingesetzt, PP oft für Senf- und Ketchupflaschen. Auch diese Recyclate können je nach Anwendungszweck als Mittelschicht in der Mehrschichttechnologie oder Recyclat verwertet werden. Es entstehen Büroartikel, Pflanztöpfe und andere Hilfsmittel für den Gartenbau, Bauteile für die Elektro- und Automobilindustrie, Tiefziehfolien für Obst- oder Eierverpackungen.

EPS - Schaumstoffe

Die stoffliche Verwertung der EPS-Verpackungen (EPS = expandiertes Polystyrol; „Styropor"-Schaumstoffe) erfolgt vorwiegend im Baustoffsektor als Wärmedämmputz und -estrich, als Leichtbauteile, als Gesimse für die Althaussanierung u.ä.. Die Verwertung wurde bis Ende 1995 im Auftrag der ÖKK von der ÖEPSV, der österreichischen EPS-Verwertungs-GmbH, organisiert. Seit Anfang 1996 erfolgt die Organisation der Verwertung von EPS direkt durch die ÖKK.

Stoffliche Verwertung der Mischkunststoff-Fraktion

In der Leichtverpackungssammlung der ARGEV werden u.a. Verpackungen aus Kunststoff und Materialverbunden gemeinsam erfaßt. Nach der Aussortierung der stofflich verwertbaren Kunststoff-Verpackungen einerseits und der Störstoffe und Nichtverpackungen andererseits verbleibt die sogenannte Mischkunststoff-Fraktion (MKF) aus vorwiegend kleinstückigen Verpackungen.

Diese Mischkunststoff-Fraktion bestand 1995 zu rd. 77 % aus Kunststoff-Verpackungen und zu rd. 23 % aus Materialverbund-Verpackungen. Bei hohem Kunststoffgehalt als Bindemittel kann die MKF stofflich zu Paletten, Schallschutz-Wänden, Rasengittersteinen, Straßenbegrenzungspfählen, Dachziegeln, Gartenmöbeln u.a. verwertet werden.

Thermische Verwertung der Mischkunststoff-Fraktion

Die Novelle zur Verpackungsverordnung vom 1. Juni 1995 legte Kriterien für die thermische Verwertung fest. Zu den Voraussetzungen zählen die Ressourcenschonung durch den Ersatz von konventionellen Energieträgern (z.B. Öl, Gas, Kohle), die Nutzung des Energiegehaltes aller Einsatzstoffe und deren definierte Qualität. Beim Einsatz von Verpackungen statt konventionellen Brennstoffen müssen die vorgegebenen Emissionsstandards eingehalten werden, und die Emissionsverhältnisse der Anlage dürfen sich dadurch nicht verschlechtern.

Einige österreichische Zementwerke haben bereits 1994 begonnen, ihre Anlagen umzurüsten und einen Anteil ihrer früheren Brennstoffe durch Kunststoff- und Verbundstoff-Verpackungen ersetzen.

Tabelle 19: Altkunststoffe 1996 - Aufkommen und Potentiale

	in t	**in kg/Ew**
Gesamtes Aufkommen	210.000	26
Sammelpotential	155.000	19
Getrennte Erfassung	73.300	9
Potential der noch möglichen getrennten Erfassung	**über 80.000**	

Abschätzung der zukünftigen Entwicklung:

Die getrennte Sammlung von Altkunststoffen über das System der „Gelben Tonne" (Leichtfraktion) wird sich auf Grund eines noch hohen Anteils dieser Fraktion im Restmüll in den nächsten Jahren weiter steigern.

Materialverbunde

Zusammensetzung:

Getränkeverpackungen, sonstige Verpackungen

Gesamtaufkommen 1996 in t:

Tabelle 20: Getrennte Erfassung von Alt-Materialverbunden nach Bundesländern 1996

Bundesländer	in t	in kg/Ew
Burgenland	k.A.	-
Kärnten	k.A.	-
Niederösterreich	k.A.	-
Oberösterreich	k.A.	-
Salzburg	k.A.	-
Steiermark	k.A.	-
Tirol	k.A.	-
Vorarlberg	k.A.	-
Wien	k.A.	-
Österreich	**8.400**	**1**

Sammlung und Transport:

Die Arbeitsgemeinschaft Verbundmaterialien (AVM) ist der Verwertungsgarantiegeber für Verpackungen aus Materialverbunden mit Ausnahme von Getränkeverbundkartons.

Gesammelt werden die Materialverbund-Verpackungen von der ARGEV gemeinsam mit den Kunststoff-Verpackungen in der Gelben Tonne bzw. dem Gelben Sack.

Da die Materialverbund-Verpackungen zumeist nicht aus der gemischten Kunstoff-Restfraktion aussortiert werden, erfolgt die Organisation der Transporte, der Lagerung und der Verwertung der Materialien in Zusammenarbeit mit der ÖKK.

Die ÖKOBOX Sammelgesellschaft erfaßt Getränkeverbundkartons über Behältnisse („Bag", „Box"), die in dichter besiedelten Gebieten direkt den Haushalten zur Verfügung gestellt und regelmäßig ausgetauscht werden.

In Kooperation mit der ARGEV steht die „Gelbe Tonne" zur Sammlung der Getränkeverbundkartons in jenen Gebieten bereit, in denen durch ÖKOBOX keine Sammlung mit „Bag" oder „Box" erfolgt. Die anteiligen Kosten für die Sammlung und Sortierung dieser Packmittel werden der ARGEV direkt von OKOBOX zurückerstattet

Verwertung:

Materialverbunde bestehen aus zwei oder mehreren, schwer trennbar miteinander verbundenen, unterschiedlichen Packstoffen. Dabei handelt es sich zumeist um eine Kombination von Papier und Kunststoff (z.B. Blisterverpackungen, Einwickelpapier mit Folienbeschichtung), Kunststoff und Aluminium (Getränkeverpackung). Im gewerblichen Bereich treten vielfältige Kombinationen von Packstoffen auf (z.B. Holzkisten mit Metallauskleidung, Kabeltrommel mit Kunststoffkern u.v.m.).

Als Verwertungsmöglichkeit kommt aus derzeitiger Sicht in erster Linie die Nutzung des Energieinhaltes in Frage.

Getrennt erfaßte Getränkeverbundkartons werden der stofflichen Verwertung bei der Firma Mayr-Melnhof zugeführt. Die über das Recyclingverfahren zurückgewonnene Zellulose - das sind rd. 75 bis 80 % der Getränkekartons - werden zu Karton verarbeitet. Das PE-Alu-Gemisch geht in die thermische Behandlung.

Tabelle 21: Alt-Materialverbunde 1996 - Aufkommen und Potentiale

	in t	in kg/Ew
Gesamtes Aufkommen	185.000	23
Sammelpotential	15.000	2
Getrennte Erfassung	8.500	1
Potential der noch möglichen getrennten Erfassung	**über 6.000**	

Abschätzung der zukünftigen Entwicklung:

Die Erfassung von Materialverbunden über das System der „Gelben Tonne“ (Leichtfraktionssammlung) wird sich auf Grund eines noch hohen Anteils dieser Fraktion im Restmüll in den nächsten Jahren weiter steigern.

Die Sammlung von Getränkeverbundkartons über die Systeme ÖKOBOX und „Gelbe Tonne“ wird sich in Zukunft leicht steigern.

Textilien

Zusammensetzung:

Altkleider und Schuhe, sonstige Bekleidungsgegenstände, Textilien aus dem Wohnbereich

Gesamtaufkommen 1996 in t:

Tabelle 22: Getrennte Erfassung von Alttextilien nach Bundesländern 1996

Bundesländer	**in t**	**in kg/Ew**
Burgenland	880	3,2
Kärnten	2.030	3,6
Niederösterreich	3.190	2,1
Oberösterreich	4.190	3,0
Salzburg	1.090	2,1
Steiermark	2.190	1,8
Tirol	2.640	4,0
Vorarlberg	1.750	5,1
Wien	380	0,2
Österreich	**18.340**	**2,2**

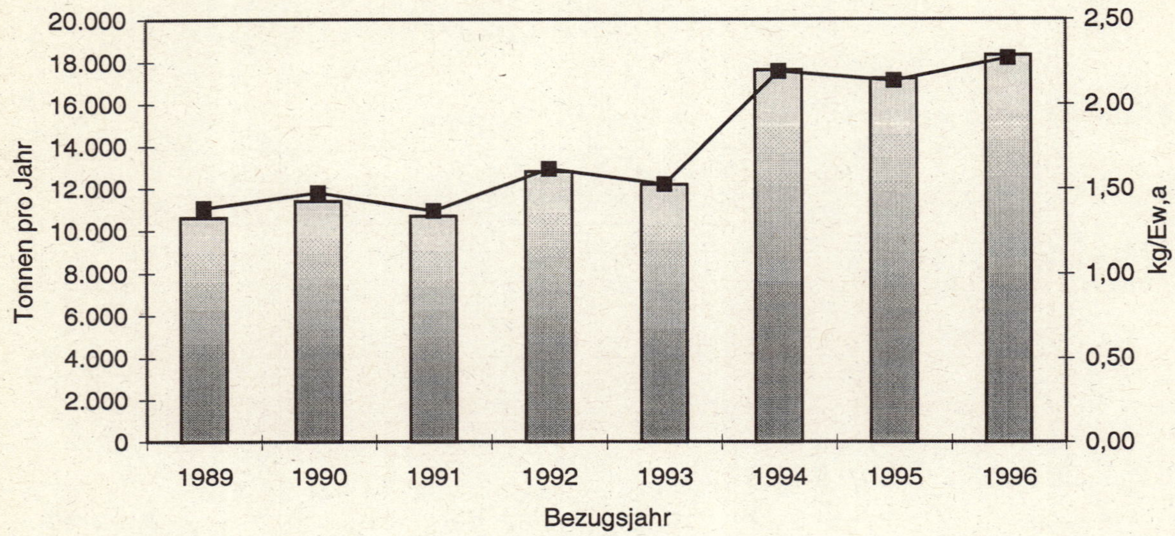

Abbildung 9: Entwicklung des Aufkommens von Alttextilien

Sammlung und Transport:

Die Sammlungen von Alttextilien werden in Österreich traditionell von karitativen Organisationen durchgeführt (Caritas, Rotes Kreuz u.a.). Darüber hinaus treten auch Gemeinden und private Verwerter als Sammler auf.

Die Sammlung erfolgt entweder über Straßensammlungen, d.h. mehrmals jährlich werden Sammelsäcke an Haushalte vergeben und zu festgelegten Terminen straßenseitig abgesammelt, oder über Sammelcontainer, die bei stark frequentierten öffentlichen Sammelorten aufgestellt sind und regelmäßig entleert werden. Abgabe von Textilien durch Private bei den Sammelorganisationen sind ebenfalls möglich.

Verwertung:

Nach Sortierung werden qualitativ hochwertige Kleidungsstücke (rd. 30 %)

- zu weiteren Bekleidungsstücken verarbeitet,
- über einschlägige Geschäfte, auf Flohmärkten bzw. an Länder der Dritten Welt verkauft,
- in Krisengebieten als Spenden verteilt.

Textilien minderer Qualität (rd. 45 %) werden

- zu Putzlappen zur Anwendung in technischen oder industriellen Bereichen verarbeitet;
- zur Produktion von Fasern zur Herstellung neuer Textilien, für Polster- und Matratzenfüllungen, zur Produktion von Isolierpapieren oder zur Herstellung von Filz als Schallschutz für Autokarosserien verwendet.

Unbrauchbare Textilien (rd. 25 %) werden verbrannt und/oder deponiert.

Tabelle 23: Alttextilien 1996 - Aufkommen und Potentiale

	in t	in kg/Ew
Gesamtes Aufkommen	70.000	9
Sammelpotential	30.000	4
Getrennte Erfassung	18.300	2
Potential der noch möglichen getrennten Erfassung	**rd. 12.000**	

Abschätzung der zukünftigen Entwicklung:

Durch verstärkte Bemühungen zur getrennten Erfassung von Alttextilien (Aufstellung von Sammelcontainern) wird die erfaßte Menge in den nächsten Jahren weiter ansteigen.

Holz

Zusammensetzung:

Holzverpackungen, Holz aus Sperrmüllsammlungen

Gesamtaufkommen 1996 in t:

Tabelle 24: Getrennte Erfassung von Altholz (nur Holzpackmittel) nach Bundesländern 1996

Bundesländer	**in t**	**in kg/Ew**
Burgenland	k.A.	-
Kärnten	k.A.	-
Niederösterreich	k.A.	-
Oberösterreich	k.A.	-
Salzburg	k.A.	-
Steiermark	k.A.	-
Tirol	k.A.	-
Vorarlberg	k.A.	-
Wien	k.A.	-
Österreich	**7.800**	**1**

Tabelle 25: Massenentwicklung von getrennt gesammeltem Altholz seit 1989

	in t	in kg/Ew
1989	-	-
1990	-	-
1991	-	-
1992	-	-
1993	800	<1
1994	6.100	<1
1995	*[1] 20.200	3
1996	*[2] 22.100	3

*[1] davon 8.000 t Holzpackmittel
*[2] davon 7.800 t Holzpackmittel

Sammlung und Transport:

Der Verein für Holzpackmittel (VHP) ist für die Organisation und Koordination der Verwertung von Holzpackmitteln zuständig. Die Mitglieder des Vereins sind österreichische Holzpackmittelhersteller und Händler mit solchen Produkten.

Die Sammlung von Holzverpackungen erfolgt über die Entsorgungswege der „Gelben Tonne"; Altmöbel werden über die Entsorgungswege der Recyclinghöfe bzw. der Sperrmüllsammlungen erfaßt.

Verwertung:

Die Verwertung von Holzpackmitteln wird derzeit nach drei verschiedenen Verwertungsarten durchgeführt:

- stoffliche Verwertung
- energetische Verwertung
- Kompostierung

Die Verwertung der sortierten Holzpackmittel erfolgt in Holzzerkleinerungs- und Aufbereitungsanlagen zu Holzspänen, die von Fremdkörpern wie Nägel, Metallklammern, sonstigen Metallteilen und Fremdstoffen befreit werden. Die so gewonnenen Holzspäne werden in der Holz-Werkstoffindustrie zu Herstellung von Spanplatten, in Verbrennungsanlagen zur Energiegewinnung sowie als Strukturmaterial bei der Kompostierung von biogenen Abfällen verwendet.

Die im Jahr 1996 aus der Sammlung der ARGEV vom VHP übernommenen Holzpackmittel konnten zur Gänze verwertet werden. Es steht ausreichende Verwertungskapazität zur Verfügung, so daß 1996 keine Zwischenlager angelegt werden mußten.

Dem VHP stehen derzeit zehn Verwertungsbetriebe zur Verfügung; neun inländische Betriebe und ein ausländischer Betrieb besitzen Verwertungsverträge.

1996 wurden in zwei Anlagen rd. 66 % der Holzpackmittel stofflich verwertet, in sechs Anlagen rd. 31 % thermisch verwertet und in zwei Anlagen rd. 3 % der Kompostierung zugeführt.

Sonstiges getrennt erfaßtes behandeltes und unbehandeltes Holz bzw. Altmöbel werden zum größten Teil energetisch verwertet.

Tabelle 26: Altholz 1996 - Aufkommen und Potentiale

	in t	**in kg/Ew**
Gesamtes Aufkommen	35.000	4
Sammelpotential	30.000	4
Getrennte Erfassung	22.100	3
Potential der noch möglichen getrennten Erfassung	**rd. 8.000**	

Abschätzung der zukünftigen Entwicklung:

Eine verstärkte Erfassung von Altholz/Altmöbeln aus Sperrmüllsammlungen wird in den nächsten Jahren eine Erhöhung der Sammelquote für diese Fraktion bedingen. Diese Maßnahme ist von den Kommunen erwünscht, da sie zu einem Rückgang des zu entsorgenden Sperrmülls führt.

2.1.2.4 Biogene Abfälle

Definition:

Unter biogenen Abfällen versteht man nativ-organische Küchenabfälle aus Haushalten, wie insbesondere solche aus der Zubereitung und dem Verzehr von Nahrungsmitteln (Speisereste) sowie Pflanzenreste und natürliche, organische Abfälle aus Hausgärten wie beispielsweise Grasschnitt, Laub, Blumen, Fallobst bzw. sperrige Grünabfälle wie Strauch- und Baumschnitt.

Zusammensetzung:

Die Zusammensetzung variiert in Abhängigkeit vom Anfallsort, von der Jahreszeit, vom Erfassungssystem u.a.

Sammlung und Transport:

Als Sammelsystem für Bioabfall aus Haushalten hat sich für das gesamte Bundesgebiet überwiegend die Biotonne durchgesetzt. Zum größten Teil wird die Sammlung im Holsystem betrieben, wobei die Biotonnen als Zweitgefäße zu den schon vorhandenen Restmüllgefäßen aufgestellt werden. Das Fassungsvermögen der Biotonnen schwankt, je nach Anzahl der Haushalte in den Wohngebäuden, zwischen 80 und 240 Liter, in Städten mit großen Wohnhausanlagen finden sich auch Sammelgefäße mit einem Fassungsvermögen von bis zu 1.100 Liter, auch Mulden für Spezialsammlungen (z.B. für Christbäume) finden Verwendung.

Gesamtaufkommen 1996 in t:

Tabelle 27: Getrennte Erfassung von biogenen Abfällen nach Bundesländern 1996

Bundesländer	in t	in kg/Ew
Burgenland	14.100	51
Kärnten	11.500	20
Niederösterreich	91.900	60
Oberösterreich	51.800	37
Salzburg	23.100	45
Steiermark	49.000	41
Tirol	32.600	49
Vorarlberg	7.200	21
Wien	79.100	50
Österreich	**360.300**	**45**

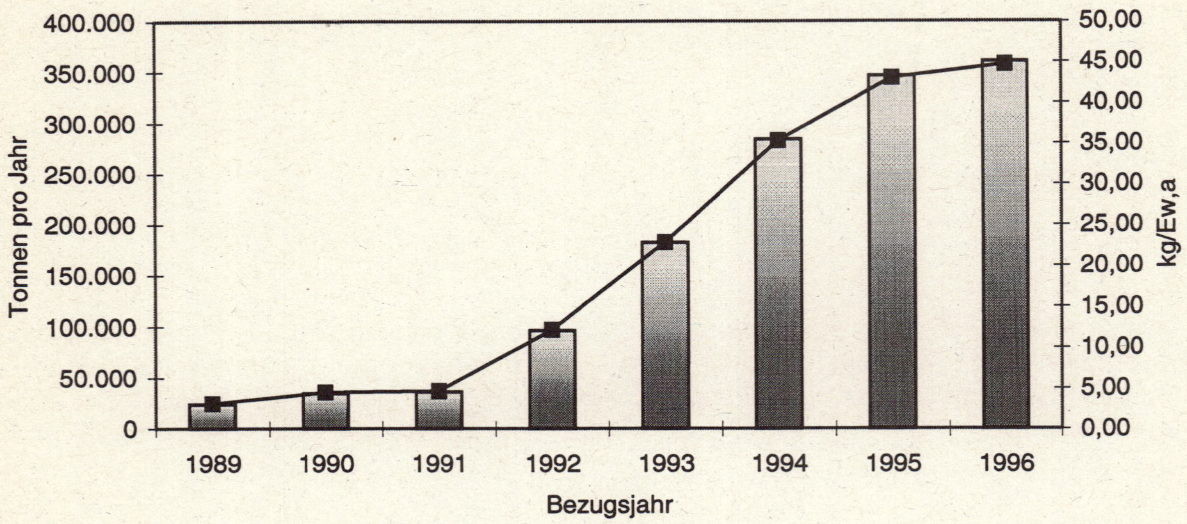

Abbildung 10: Entwicklung des Aufkommens von biogenen Abfällen

Verwertung:

Die Verwertung der biogenen Abfälle erfolgt

- über die *Eigenkompostierung*, zu der die Hausgartenkompostierung, die Gemeinschaftskompostierung in Wohnhausanlagen, die landwirtschaftliche Kompostierung im engeren Sinn sowie die Kompostierung innerbetrieblicher biogener Abfälle im Gewerbebereich gehören.
- über die *landwirtschaftliche Kompostierung* biogener Abfälle (Biotonne und Grünschnitt) aus dem kommunalen und gewerblichen Bereich. Der Vorteil dieser Organisationsstruktur liegt wie bei der Eigenkompostierung in der Interessenzusammenführung von der Verarbeitung organischer Materialien und der Anwendung des fertigen Kompostes und damit der Umgehung eines möglichen Vermarktungsproblems.
- über die *kommunale Kompostierung*, wobei sich die gesamte Infrastruktur und Umsetzung der getrennten Sammlung und Kompostierung in den Händen der Kommunalverwaltungen mittlerer bis größerer Städte und Gemeinden befindet. Diese sind fast ausschließlich für den eigenen Verwaltungsbereich tätig. In ländlichen Regionen zeichnen größtenteils Abfallwirtschaftsverbände für die Realisierung verantwortlich, wobei oft eine Aufteilung in kommunale Grünschnitt- und regionale Bioabfallkompostieranlagen zu beobachten ist.
- über die *gewerbliche Kompostierung*, bei der im Auftrag von Abfallwirtschaftsverbänden und Kommunen in zunehmendem Ausmaß Firmen mit der Konzipierung und Umsetzung der Bioabfallsammlung und - kompostierung betraut werden.

Tabelle 28: Biogene Abfälle 1996 - Aufkommen und Potentiale

	in t	in kg/Ew
Gesamtes Aufkommen	745.000	82
Sammelpotential	600.000	74
Getrennte Erfassung	360.200	45
Potential der noch möglichen getrennten Erfassung	**rd. 240.000**	

Eigenkompostierung:

Das Verwertungspotential über die Eigenkompostierung biogener Abfälle in Hausgärten, das sind jene nativ-organischen Abfälle, die aus Haushalten stammen, jedoch nicht über die Biotonne erfaßt werden, kann bundesweit mit rd. 550.000 t angegeben werden. Die Berechnung beruht auf Erfahrungswerten zur einwohnerspezifischen Kompostierung bezogen auf Haushalte mit Gärten.

Abschätzung der zukünftigen Entwicklung:

Die getrennte Sammlung biogene Abfälle wird sich auf Grund eines noch hohen Anteils dieser Fraktion im Restmüll in den nächsten Jahren weiter steigern.

2.1.2.5 Problemstoffe

Definition:

Problemstoffe sind gefährliche Abfälle aus Haushalten oder aus Einrichtungen mit einem nach Menge und Zusammensetzung den privaten Haushalten vergleichbaren Abfallaufkommen. Diese Abfälle gelten solange als Problemstoffe, als sie sich im Gewahrsam der genannten Haushalte und Einrichtungen befinden, dann als gefährliche Abfälle.

Zusammensetzung:

Abflußreiniger (säure-, lauge- oder chlorhaltig)

Anstrichmittel (öl-, lösemittel- oder schwermetallhaltig)

Arzneimittel

Autopolitur und -wachse

Beiz- und Abbeizmittel (säure-, lauge- oder lösemittelhaltig)

Bohr-, Schneid- und Schleiföle sowie deren Emulsionen

Bodenpflegemittel (säure-, lauge- oder chlorhaltig)

Bremsflüssigkeit

Desinfektionsmittel

Einwegspritzen

Farben, Farbstoffe, Dispersionsfarben und Lacke (öl-, lösemittel- und schwermetallhaltig)

Formstücke aus Blei und bleihaltige Produkte

Fotochemikalien

Frostschutzmittel

Holzschutzmittel

Klebstoffe (lösemittelhaltig)

Kosmetika

Kühlmittel

Mineralöle und Mineralölprodukte, wie Altöle (Heiz- und Motoröle) und Benzine

Ölfilter (gebraucht)

organische Lösemittel (halogenfrei und halogenhaltig) und Produkte, die solche Lösemittel enthalten

Pflanzenschutz- und Schädlingsbekämpfungsmittel (Herbizide, Fungizide)

Quecksilberthermometer und andere quecksilberhaltige Produkte

Reinigungsmittel wie Backofenreiniger oder Fleckputzmittel

Rostschutz- und Entrostungsmittel

Sachen, die mit Problemstoffen verunreinigt sind oder solche enthalten

Spraydosen und Druckgaspackungen (nicht restentleert)

WC-Reiniger und Duftsteine

Elektronikschrott

FCKW-haltige Produkte, wie z.B. Kühlgeräte

toxische Schwermetalle enthaltende Produkte, wie insbesondere Akkumulatoren, Batterien, Cartridges von Kopiergeräten und Laserdruckern, Gasentladungslampen

sonstige gefährliche Stoffe, Zubereitungen und Fertigwaren sowie Pflanzenschutzmittel und andere Produkte, die auf Grund der für sie geltenden bundesrechtlichen Vorschriften als Problemstoffe oder als nicht geeignet zur Entsorgung gemeinsam mit Hausmüll oder über die Kanalisation gekennzeichnet sind

Gesamtaufkommen 1996 in t:

Tabelle 29: Getrennte Erfassung von Problemstoffen nach Bundesländern 1996

Bundesländer	**in t**	**in kg/Ew**
Burgenland	350	1,3
Kärnten	1.100	2,0
Niederösterreich	5.370	3,5
Oberösterreich	5.830	4,2
Salzburg	910	1,8
Steiermark	3.510	2,9
Tirol	2.020	3,1
Vorarlberg	1.070	3,1
Wien	3.490	2,2
Österreich	**23.650**	**2,9**

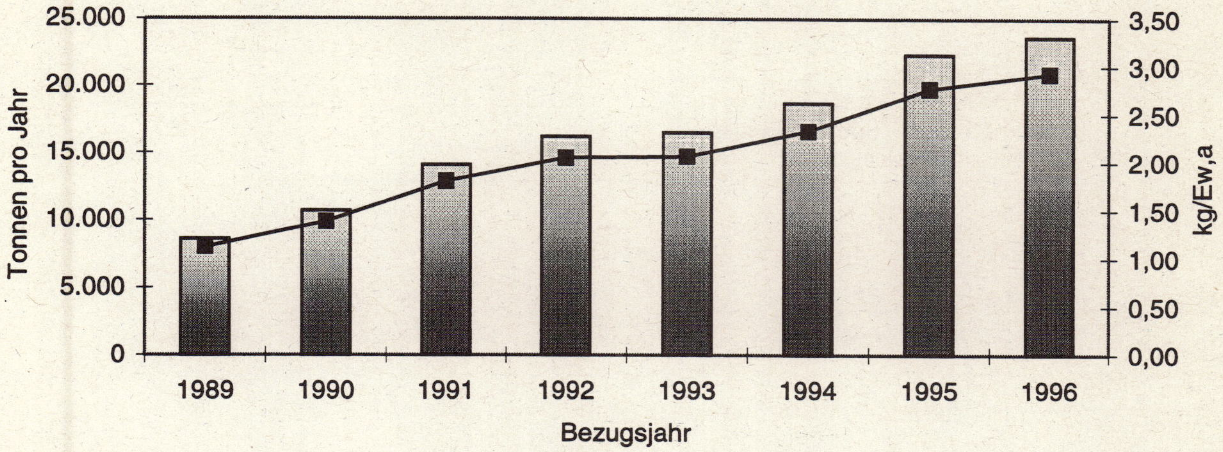

Abbildung 11: Entwicklung des Aufkommens von Problemstoffen

Sammlung und Transport:

Die Problemstoffe werden vom Abfallerzeuger (Haushalt)

- zu einer stationären Sammelstelle,
- zu einer mobilen Sammelstelle,
- zu öffentlich aufgestellten Behältern, z.B. für Batterien u.a.,
- in Fachgeschäfte („In-Verkehr-Bringer"), welche diese Abfälle zurücknehmen, (Trockenbatterien, Ni-Cd-Akkus, Ölfilter, Leuchtstoffröhren, Energiesparlampen, Motoröl, Kühlgeräte, Medikamente u.a.)

gebracht (Bringsystem) oder durch Abfallsammler mit speziell ausgerüsteten Sammelfahrzeugen periodisch von eingerichteten Sammelorten abgeholt (Holsystem).

Verwertung:

Einzelne Fraktionen der Problemstoffe können stofflich verwertet werden.

Behandlung:

Der Großteil der Problemstoffe wird in CP-Anlagen nach Sortierung behandelt bzw. in den Entsorgungsbetrieben Simmering (EbS) verbrannt.

Tabelle 30: Problemstoffe1996 - Aufkommen und Potentiale

	in t	in kg/Ew
Gesamtes Aufkommen	35.000	4
Sammelpotential	30.000	4
Getrennte Erfassung	23.700	3
Potential der noch möglichen getrennten Erfassung	**rd. 6.000**	

Abschätzung der zukünftigen Entwicklung:

Bedingt durch verstärkte Bemühungen der Kommunen zur Entfrachtung des Restmülls von problematischen Inhalten („qualitative Abfallvermeidung“) wird die erfaßte Menge an Problemstoffen in den nächsten Jahren weiter steigen.

2.2 Stand der Verwertung und Behandlung

Zur Verwertung und Behandlung von Abfällen aus Haushalten und ähnlichen Einrichtungen stehen derzeit folgende Anlagen zur Verfügung:

- 98 Sortieranlagen für getrennt erfaßte Altstoffe
- 3 Zwischenlager für energetisch zu verwertende Reststoffe aus der Sortierung der getrennt gesammelten Leichtfraktion
- 63 Anlagen zur stofflichen Verwertung von getrennt erfaßten Altstoffen
- 489 biotechnische Anlagen zur Verwertung getrennt gesammelter biogener Abfälle
- 9 Anlagen zur mechanisch-biologischen Vorbehandlung von Restmüll, Klärschlamm u.a.
- 3 Anlagen zur thermischen Behandlung von Restmüll bzw. von Reststoffen unter Nutzung der Energieinhalte
- 61 Deponien

2.2.1 Sortier- und Aufbereitungsanlagen

Die derzeit in Österreich betriebenen Sortieranlagen trennen nach festgelegten Kriterien Abfälle aus Haushalten und haushaltsähnliche Abfälle aus Gewerbe, Industrie und öffentlichen Einrichtungen. Die Sortierung orientiert sich in erster Linie an der stofflichen Verwertbarkeit einzelner Fraktionen. Nicht mehr sortierwürdige Fraktionen werden einer weiterführenden Behandlung oder energetischen Verwertung zugeführt.

Bundesweit sind derzeit 98 Sortieranlagen in Betrieb, die 1996 einen Durchsatz bis zu rd. 650.000 t/Jahr aufwiesen. In diesen Anlagen wurden getrennt erfaßte Altstoffe aus Haushalten und ähnlichen Einrichtungen sowie aus Gewerbe und Industrie sortiert.

Zur Verfügung standen 1996

- 35 Anlagen für Papier, Karton, Pappe und Wellpappe mit einem Durchsatz von rd. 200.000 bis 250.000 t
- 3 Anlagen für Glas mit einem Durchsatz von rd. 160.000 t
- 14 Anlagen für Metalle mit einem Durchsatz von rd. 130.000 t
- 43 Anlagen für Kunststoffe und Verbundstoffe mit einem Durchsatz von rd. 85.000 t
- 2 Anlagen für Holz mit einem Durchsatz von rd. 6.000 t
- mindestens 1 Anlage für Textilien mit einem Durchsatz von rd. 18.000 t

2.2.2 Zwischenlager

Die Verpackungsverordnung legt Fristen fest, innerhalb der die Verwertung der gesammelten Verpackungen zu erfolgen hat. Altstoffe mit traditionell bestehenden Verwertungsstrukturen (Altpapier, Altglas, Altmetall) müssen bis zum Ende des Folgejahres verwertet werden. Da die Anlagen für die stoffliche Kunststoffverwertung erst ausgebaut und jene für die thermische Verwertung erst errichtet oder adaptiert werden mußten, räumte die Verpackungsverordnung für Kunststoff verlängerte Übergangsfristen ein: Die im Jahr 1993 und 1994 gesammelten Kunststoff-Verpackungen sind bis Ende 1996 zu verwerten, die 1995 gesammelten bis Mitte 1997 und die 1996 gesammelten Verpackungen bis Ende 1997.

Zur Überbrückung der Zeiten für Anlagenadaptierung und Genehmigung der thermischen Verwertungsanlagen hat die ÖKK Zwischenlager an 3 Standorten (Krems, Zwentendorf und Wien) mit einer Lagerkapazität von rd. 110.000 t angelegt. 1994 wurden von der ÖKK rd. 42.400 t Kunststoff- und Materialverbund-Verpackungen für die spätere Verwertung bzw. Behandlung auf diese Lager gelegt, 1995 weitere 25.900 t. 1996 erfolgte kein Lageraufbau mehr; es wurden rd. 20.500 t von bestehenden Lagern abgebaut und an Verwerter bzw. Behandler übergeben.

Nach Angaben der ÖKK werden die Zwischenlager in den nächsten Jahren weiter abgebaut und sind nach der vollständigen Inbetriebnahme der benötigten Anlagen zur thermischen Verwertung bzw. Behandlung dieser Fraktion mit Ausnahme von Pufferlagern bei den Anlagen nicht mehr notwendig.

Tabelle 31: Zwischenlager 1997

Bundesländer	**Anlagen in Betrieb**	**Kapazitäten in t/a gerundet**
Burgenland	-	-
Kärnten	-	-
Niederösterreich	2	k. A.
Oberösterreich	-	-
Salzburg	-	-
Steiermark	-	-
Tirol	-	-
Vorarlberg	-	-
Wien	1	k. A.
Österreich	**3**	**110.000**

2.2.3 Anlagen zur stofflichen Verwertung von getrennt erfaßten Altstoffen

Anlagen zur Verwertung von Altstoffen übernehmen meist sortenreine Abfälle aus der getrennten Sammlung bzw. aus der Sortierung, um diese wieder in den Produktions-Konsumations-Kreislauf zurückzuführen.

Dabei versteht man

- unter Wiederverwendung die wiederholte Benutzung eines Produktes oder Materials für den gleichen Verwendungszweck (z.B. tragfähige Alttextilien);
- unter Weiterverwendung den Einsatz von Abfällen in neuen Anwendungsbereichen nach erfolgter biotechnischer, chemischer oder physikalischer Behandlung (z.B. Granulierung von Verpackungskunststoffen, wobei das Granulat zu Textilfasern verarbeitet wird);
- unter Weiterverwertung die Wiedergewinnung von Grundstoffen aus Abfällen (z.B. Einsatz von FE-Haushaltsschrott in Stahlwerken).

Auswirkungen der stofflichen Verwertung sind

- die Ressourcenschonung, da durch die Rückführung von Sekundärrohstoffen der Einsatz von Primärrohstoffen verringert wird und
- die Energieeinsparung, da die Nutzung von Sekundärrohstoffen zur Energieeinsparung führt, solange der Energieaufwand zur Rückgewinnung der Sekundärrohstoffe geringer ist als ihr nutzbarer Energieinhalt.

Zur stofflichen Verwertung von getrennt erfaßten Altstoffen aus Haushalten und ähnlichen Einrichtungen sowie aus Gewerbe und Industrie stehen bundesweit 63 Anlagen mit einer Kapazität von rd. 1,9 Mio. t zur Verfügung:

- 18 Anlagen für Papier, Karton, Pappe und Wellpappe mit einem Durchsatz von rd. 1.540.000 t
- 3 Anlagen für Glas mit einem Durchsatz bis zu rd. 160.000 t
- 10 Anlagen für Metalle mit einem Durchsatz bis zu rd. 130.000 t
- 29 Anlagen für Kunststoffe und Verbundstoffe mit einem Durchsatz von rd. 70.000 t
- 2 Anlagen für Holz mit einem Durchsatz von rd. 6.000 t
- 1 Anlage für Textilien mit einem Durchsatz von rd. 2.000 t

Diesen Anlagen bzw. ihnen vorgeschalteten Sortieranlagen wurden im Jahr 1996 rd. 879.000 t Altstoffe aus der getrennten Sammlung für Abfälle aus dem Haushaltsbereich zugeführt.

2.2.4 Anlagen zur Verwertung von biogenen Abfällen

Die getrennte Sammlung und Verwertung von biogenen Abfällen stellt einen wesentlichen Schritt bei der Entlastung der Deponien in quantitativer als auch in qualitativer Hinsicht dar. Der biogene Anteil im Hausabfall mit etwa 30 Gewichtsprozent, bei welchem praktisch kein Vermeidungspotential gegeben ist, stellt - gefolgt von den Verpackungsmaterialien - die größte stofflich verwertbare Fraktion in den Abfällen aus Haushalten und ähnlichen Einrichtungen dar. Dementsprechend wird durch eine getrennte Erfassung und Verwertung eine wesentliche Entlastung der einer Abfallbehandlung zugeführten Abfallströme erzielt, wobei durch eine Verminderung des Naßmüllanteils jede Art der Verwertung und Behandlung erleichtert wird.

Zusätzlich dient die biotechnische Behandlung dieser Fraktion der Erzeugung qualitativ möglichst hochwertiger Komposte.

Bioabfallkompostierungsanlagen:

Unter Bioabfallkompostierungsanlagen werden diejenigen Anlagen verstanden, bei denen Bioabfälle aus Haushalten verarbeitet werden, wobei andere biogene Abfälle, entweder infolge ihre Aufkommens im Einzugsgebiet oder aufgrund verfahrensbedingter Erfordernisse (Strukturmaterialien, C/N-Verhältnis, pH-Wert) ebenfalls zur Verarbeitung gelangen.

Grünabfallkompostierungsanlagen:

Darunter werden Anlagen verstanden, bei denen ausschließlich Grünschnitt (Garten- und Parkabfälle, Laub, Grasschnitt, getrennt gesammelte organische Friedhofsabfälle u.a.) zur Verarbeitung gelangt. In der Regel können diese Anlagen, aufgrund der geringeren Reaktionsfähigkeit der Materialien, mit einem verminderten verfahrenstechnischen Aufwand betrieben werden. Somit existiert eine erhebliche Anzahl kleiner Anlagen auf Gemeindeebene.

Die Kapazitäten der Anlagen werden von den im jeweiligen Einzugsgebiet anfallenden Mengen an biogenen Abfällen wie Bioabfällen aus Haushalten, Grünabfällen, Friedhofsabfällen usw. bestimmt. Input ist dabei die Sammelmenge zuzüglich der verfahrensbedingten Zuschlag- (Strukturmaterial wie Häckselgut, Stallmist, Stroh u.a.) und Hilfsstoffe (Steinmehl, Bakterienpräparate, Horn- und Knochenmehl, düngewirksame Stoffe u.a.) unter Berücksichtigung saisonaler Aufkommensschwankungen.

*Tabelle 32: Anlagen zur Verwertung biogener Abfälle 1997 **

Bundesland	**Anlagen in Betrieb**	**Mindestkapazitäten in t/a gerundet**
Burgenland	7	14.000
Kärnten	19	12.000
Niederösterreich	78	192.000
Oberösterreich	235	149.000
Salzburg	4	23.000
Steiermark	83	62.000
Tirol	57	71.000
Vorarlberg	2	23.000
Wien	4	217.000
Österreich	**489**	**763.000**

*Einige Anlagen haben keine Kapazitäten genannt

Diesen Anlagen bzw. ihnen vorgeschalteten Sortieranlagen wurden im Jahr 1996 zumindest rd. 360.000 t biogene Abfälle aus der Sammlung über die Biotonne zugeführt.

2.2.5 Mechanisch-biologische Anlagen zur Vorbehandlung von Restmüll

Die mechanisch-biologische Vorbehandlung des Restmülls soll zur Verbesserung des Deponieverhaltens von Abfällen beitragen.

Die wesentlichen Ziele einer der Ablagerung vorgeschalteten Restabfallbehandlung sind:

- Massenreduktion
- Volumenreduktion
- teilweise Inertisierung des Restabfalls
- teilweise Schadstoffentfrachtung

Für die mechanisch-biologische Vorbehandlung existieren mehrere Zielrichtungen; diese sind:

1. Vorbehandlung vor der Ablagerung, d. h. der gesamte die Anlage verlassenden Massenstrom wird deponiert;
2. Kombination mit der thermischen Behandlung, d.h. in einer mechanischen Stufe erfolgt eine Trennung der Abfälle in einer heizwertreichen Fraktion - mit anschließender thermischer Behandlung - und in eine heizwertarme Fraktion, die durch einen hohen Gehalt an biologisch abbaubaren Stoffen gekennzeichnet ist. Diese wird biotechnisch weiterbehandelt;
3. Vorbehandlung vor der thermischen Behandlung, d.h. das Verfahren dient nur der Reduzierung des Volumens der thermisch zu behandelnden Restabfälle.

In Österreich existierten 1996 elf Anlagen (1997: 9 Anlagen) zur mechanisch-biologischen Vorbehandlung von Restmüll.

Das Ziel dieser Anlagen besteht in einer Vorbehandlung vor der Ablagerung, z.T. nach Abtrennung geringer Stoffanteile (z.B. FE-Metalle).

Der Input in diese Anlagen besteht zumeist aus Restmüll aus Haushalten und ähnlichen Einrichtungen, Klärschlamm und Wasser, der Output hauptsächlich aus „Müllkompost“ und Siebresten.

Tabelle 33: Mechanisch-biologische Vorbehandlungsanlagen für Restmüll, Klärschlämme u.a. 1997

Bundesländer	**Anlagen in Betrieb**	**Kapazitäten in t/a (gerundet)**
Burgenland	1	40.000
Kärnten	-	-
Niederösterreich	1	20.000
Oberösterreich	2	33.000
Salzburg	2	180.000
Steiermark	3	30.000
Tirol	-	-
Vorarlberg	-	-
Wien	-	-
Österreich	**9**	**303.000**

Diesen Anlagen bzw. ihnen vorgeschalteten Sortieranlagen wurden im Jahr 1996 rd. 194.000 t Restmüll zugeführt.

2.2.6 Thermische Anlagen zur Behandlung von Restmüll

Aufgrund der Anforderungen an die Reststoffqualitäten für zu deponierende Abfälle ergeben sich die wesentlichen Zielsetzungen einer vorgelagerten thermischen Behandlung wie folgt:

- weitestgehende Verringerung des Gefährdungs- und Schadstoffpotentials der Abfälle durch Abbau der organischen Inhaltsstoffe und Konzentration der anorganischen Inhaltsstoffe in abscheidbarer Form
- Reduktion der Masse und des Volumens der Abfälle
- Umwandlung der anfallenden Reststoffe in eine verwertbare oder eine ablagerungsfähige Form
- Verwertung der nutzbaren Energie

An die zwei Anlagen in Wien (Spittelau, Flötzersteig) und jene in Oberösterreich (Wels) wurden im Jahr 1996 rd. 431.000 t Abfälle aus dem Haushaltsbereich angeliefert.

Die aus der Verbrennung stammenden Aschen und Schlacken im Ausmaß von rd. 125.000 t wurden nach Konditionierung auf Deponien abgelagert. Die Rauchgasreinigungsrückstände wurden exportiert. Die über Magnetabscheider von den Schlacken getrennten FE-Metalle von rd. 6.800 t wurden verwertet.

Für die Planung weiterer Anlagen sind in einzelnen Bundesländern unterschiedliche Aktivitäten im Gang. Diese betreffen nicht nur grundsätzliche Machbarkeitsstudien, sondern auch detaillierte Standortuntersuchungen und auch konkrete Projektvorarbeiten.

Tabelle 34: Müllverbrennungsanlagen (MVA) 1997

Bundesländer	**Anlagen in Betrieb**	**Kapazitäten in t/a gerundet**
Burgenland	-	-
Kärnten	-	-
Niederösterreich	-	-
Oberösterreich	1	60.000
Salzburg	-	-
Steiermark	-	-
Tirol	-	-
Vorarlberg	-	-
Wien	2	460.000
Österreich	**3**	**520.000**

2.2.7 Deponien

Die mit 1. Jänner 1997 in Kraft getretene „Deponie-Verordnung" ist auf die obertägige Ablagerung aller Abfallarten anzuwenden und gilt für die Neuanlage einer Deponie sowie für die Vergrößerung des Schüttbereiches einer bereits genehmigten Deponie. Die Anpassung bestehender Deponien ist mit Übergangszeiträumen von fünf bis zehn Jahren vorgesehen.

Für auf Deponien zur Ablagerung geeignete Abfälle wird auf eine Auflistung von Abfällen nach Schlüsselnummern gemäß ÖNORM S 2100 verwiesen, mit der entscheidenden Einschränkung, daß nach Ablauf von 10 Jahren auch auf Hausmülldeponien Abfälle mit einem TOC (Total Organic Carbon) über 5-Masse % nicht mehr abgelagert werden dürfen. Die Einhaltung dieser Bestimmung setzt den Einsatz thermischer Behandlungsverfahren vor der Ablagerung voraus. Damit soll verhindert werden, daß Abfälle abgelagert werden, von denen unter den herrschenden Deponiebedingungen, einschließlich möglicher Wechselwirkungen mit anderen Abfällen, negative Umweltauswirkungen zu erwarten sind.

Die Analyse der Deponiesituation in Österreich hat gezeigt, daß heute ausreichendes Deponievolumen zur Ablagerung der zukünftig anfallenden Reststoffe vorhanden ist, trotzdem wird in einigen Regionen mangels vorhandener Deponieflächen mit Engpässen zu rechnen sein.

Bundesweit sind 1996 61 Deponien in Betrieb.

Genehmigungen zur Ablagerung bestehen hauptsächlich für die Fraktionen Restmüll, Sperrmüll, Bauschutt, Reststoffe aus Behandlungsanlagen, gemischte betriebliche Abfälle, Straßenkehricht und Klärschlamm (alle: maximal Eluatklasse III b).

Tabelle 35: Mülldeponien 1997

Bundesländer	**Anlagen in Betrieb**	**Freies Deponievolumen in m³**
Burgenland	2	852.000
Kärnten	5	1.500.000
Niederösterreich	15	8.428.000
Oberösterreich	10	5.650.000
Salzburg	1	2.192.000
Steiermark	16	6.567.000
Tirol	7	1.456.000
Vorarlberg	4	1.494.000
Wien	1	4.300.000
Österreich	**61**	**32.439.000**

Das „freie Deponievolumen" in einer Größenordnung von über 32,4 Mio m³ gibt jenen Bereich an, auf dem ohne langfristige bautechnische Maßnahmen der Abfall weiterhin geschüttet werden kann.

Das geplante und damit mögliche Deponievolumen, das jene noch nicht genehmigten Bereiche am oder angrenzend zum Standort umfaßt, die zur Abfallablagerung ausgebaut werden könnten, kann noch einmal auf etwa dieselbe Größe geschätzt werden.

Im Jahr 1996 wurden rd. 887.000 t oder rd. 32 % der Abfälle aus Haushalten und ähnlichen Einrichtungen direkt und unbehandelt abgelagert.

Mit den Reststoffen aus der Verwertung von Altstoffen und biogenen Abfällen, aus der mechanisch-biologischen Restmüllbehandlung und aus der thermischen Behandlung gelangten rd. 1,26 Mio t oder rd. 45 % der Abfälle aus dem Haushaltsbereich auf Deponien.

2.3 Zusammenfassung

Im Jahr 1996 sind rd. 2,78 Mio t Abfälle aus Haushalten und ähnlichen Einrichtungen angefallen.

Davon wurden über die öffentliche Müllabfuhr rd. 1.291.000 t Restmüll und rd. 221.000 t Sperrmüll entsorgt. Daneben konnten rd. 24.000 t Problemstoffe, rd. 879.000 t Altstoffe und rd. 360.000 t biogene Abfälle über getrennte Sammlungen (Biotonne) erfaßt werden; dies entspricht rd. 45,5 % des Abfallaufkommens aus Haushalten und ähnlichen Einrichtungen.

Im Vergleich zum Aufkommen im Jahr 1993 sind folgende Tendenzen erkennbar:

- Das gesamte Aufkommen an Abfällen aus Haushalten und ähnlichen Einrichtungen hat sich um rd. 266.000 t bzw. um rd. 11 % erhöht.
- Die Massen für Restmüll und Sperrmüll haben sich um rd. 158.000 t bzw. um rd. 9 % verringert, wobei Restmüll um rd. 197.000 t bzw. um rd. 13 % abgenommen, Sperrmüll jedoch um rd. 39.000 t bzw. um rd. 21 % zugenommen hat. Zum ersten Mal seit Beginn der Dokumentation des Abfallaufkommens im Umweltbundesamt im Jahr 1989 ist festzustellen, daß das Restmüllaufkommen, das bis 1995 stets rückläufig war, im Jahr 1996 erstmals wieder ansteigt.
- Die getrennt erfaßten Abfälle aus den Haushalten haben sich seit 1993 insgesamt um über 50 % erhöht, d.h. von rd. 839.000 t auf rd. 1.263.000 t.
- An Altstoffen konnte um rd. 239.000 t bzw. um rd. 37 % mehr getrennt gesammelt werden, wobei hohe Steigerungsraten der Erfassung bei den Fraktionen „Altpapier“ und „Leichtfraktion“ zu verzeichnen waren.
- Bei biogenen Abfällen stieg die getrennt erfaßte Masse um rd. 178.000 t und hat sich damit nahezu verdoppelt.
- Die Sammlung für Problemstoffe erbrachte eine zusätzliche Erfassung von rd. 7.100 t. Dies entspricht einer Steigerung um fast die Hälfte des Aufkommens von Problemstoffen im Jahr 1993.

Die Verwertung und Behandlung der rd. 2,78 Mio t Abfälle aus Haushalten und ähnlichen Einrichtungen erfolgte 1996 zu

- 31,7 % in Anlagen zur stofflichen Verwertung von getrennt gesammelten Altstoffen,
- 13,0 % in Anlagen zur Verwertung von getrennt erfaßten biogenen Abfällen,
- 0,8 % in Anlagen zur Behandlung von Problemstoffen,
- 7,0 % in Anlagen zur mechanisch-biologischen Vorbehandlung von Restmüll,
- 15,5 % in Anlagen zur thermischen Behandlung von Restmüll bzw. von Reststoffen,
- 32,0 % direkt und unbehandelt auf Mülldeponien.

Mit den Reststoffen[1] aus der Altstoffverwertung, der Verwertung biogener Abfälle sowie den Reststoffen aus der mechanisch-biologischen und thermischen Behandlung von Restmüll

[1] Der Begriff "Reststoff" findet in diesem Zusammenhang Anwendung für die Bezeichnung unterschiedlicher Rückstände aus der Aufbereitung und Verwertung von Altstoffen und biogenen Abfällen sowie aus der sonstigen Abfallbehandlung (z.B. thermisch, mechanisch-biologisch) und steht in keinem Zusammenhang mit dem Begriff der Reststoffdeponie gemäß Deponieverordnung.

gelangten 1996, bezogen auf das gesamte Aufkommen der Haushaltsabfälle, rd. 45 % der Abfälle aus Haushalten und ähnlichen Einrichtungen auf Deponien. Im Jahr 1993 wurden noch rd. 55 % dieser Abfälle deponiert.

Zur Verwertung und Behandlung dieser Haushaltsabfälle stehen in Österreich derzeit folgende Anlagen zur Verfügung

- 98 Sortieranlagen für getrennt erfaßte Altstoffe;
- 3 Zwischenlager für energetisch zu verwertende Reststoffe aus der Sortierung der getrennt gesammelten Leichtfraktion;
- 63 Anlagen zur stofflichen Verwertung von getrennt erfaßten Altstoffen;
- 489 biotechnische Anlagen zur Verwertung getrennt gesammelter biogener Abfälle;
- 9 Anlagen zur mechanisch-biologischen Vorbehandlung von Restmüll, Klärschlamm u.a.;
- 3 Anlagen zur thermischen Behandlung von Restmüll bzw. von Reststoffen unter Nutzung der Energieinhalte;
- 61 Deponien

Betrachtet man neben den getrennten Sammlungen den im Jahr 1996 angefallenen Restmüll in den Abfallbehältern, das sind rd. 1.29 Mio t oder rd. 47 % von rd. 2.78 Mio t Abfällen aus Haushalten, so sind nach Abzug nicht getrennt erfaßbarer Anteile zusätzliche Potentiale zur getrennten Sammlung und anschließenden Verwertung zu erkennen:

- rd. 15,5 % des Restmülls (rd. 200.000 t Altstoffe) können noch getrennt erfaßt und einer stofflichen Verwertung zugeführt werden. Der tatsächlich verwertbare Anteil hängt davon ab, in welchem Ausmaß qualitative Gesichtspunkte eine stoffliche Verwertung verhindern.
- rd. 18,5 % des Restmülls (rd. 240.000 t biogene Abfälle) können nach getrennter Sammlung und anschließender biotechnischer Behandlung noch einer Verwertung zugeführt werden.
- über 5.000 t Problemstoffe können noch einer Sonderbehandlung unterzogen werden.

Neben den Abfällen aus Haushalten und ähnlichen Einrichtungen, die über öffentliche Sammelsysteme erfaßt wurden, konnte das Aufkommen von biogenen Abfällen aus Haushalten und Hausgärten, das der Eigenkompostierung zugeführt wurde, mit rd. 550.000 t abgeschätzt werden.

2.4 Szenarien zur Bewirtschaftung von Abfällen aus Haushalten

Für die Beurteilung und die Auswahl zukünftiger Bewirtschaftungsformen für Abfälle aus Haushalten und ähnlichen Einrichtungen wurden mehrere Szenarien untersucht. Dazu wurden folgende Annahmen getroffen:

- Grundlage der Prognose ist das Aufkommen dieser Abfälle im Jahr 1996; ausgehend von diesem Jahr werden das künftige Aufkommen, Sammelpotentiale, Erfassungsquoten, Verwertungs- und Behandlungswege abgeschätzt.
- Wichtige Verordnungen zum AWG erfüllen weitgehend ihre Ziele (z.B. Erfassungs- und Verwertungsquoten der Verpackungsverordnung) bzw. schöpfen diese maximal aus (z.B. flächendeckende Erfassung und Verwertung jener Fraktionen, deren Bewirtschaftung über die „Problemstoffverordnung“ oder über die „Verordnung über die Sammlung biogener Abfälle“ geregelt ist) bzw. sind weitgehend umgesetzt (Deponieverordnung und WRG-Novelle).

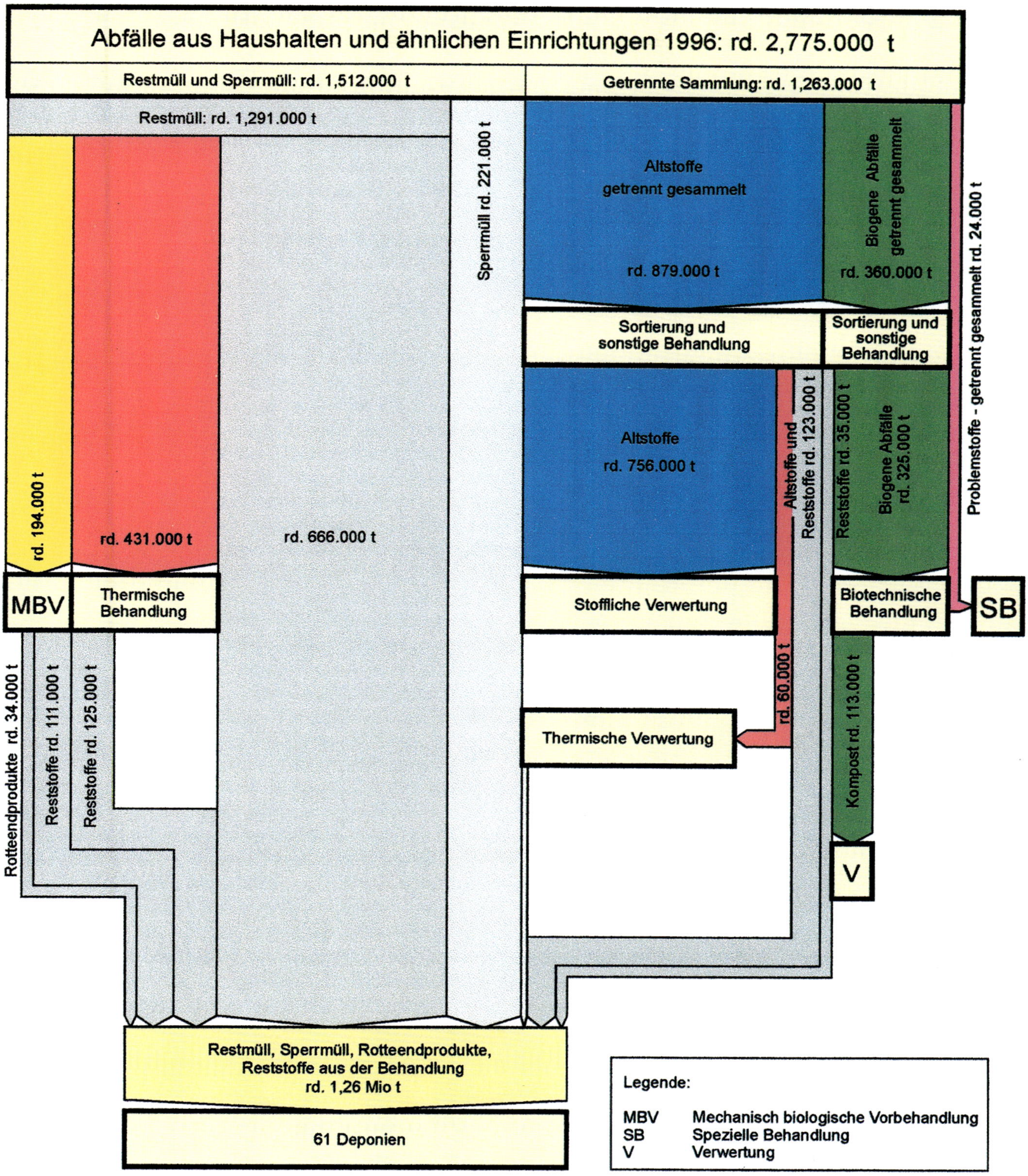

Umweltbundesamt

Juni 1998

Verwertung und Behandlung von Abfällen aus Haushalten und ähnlichen Einrichtungen 1989 - 1996

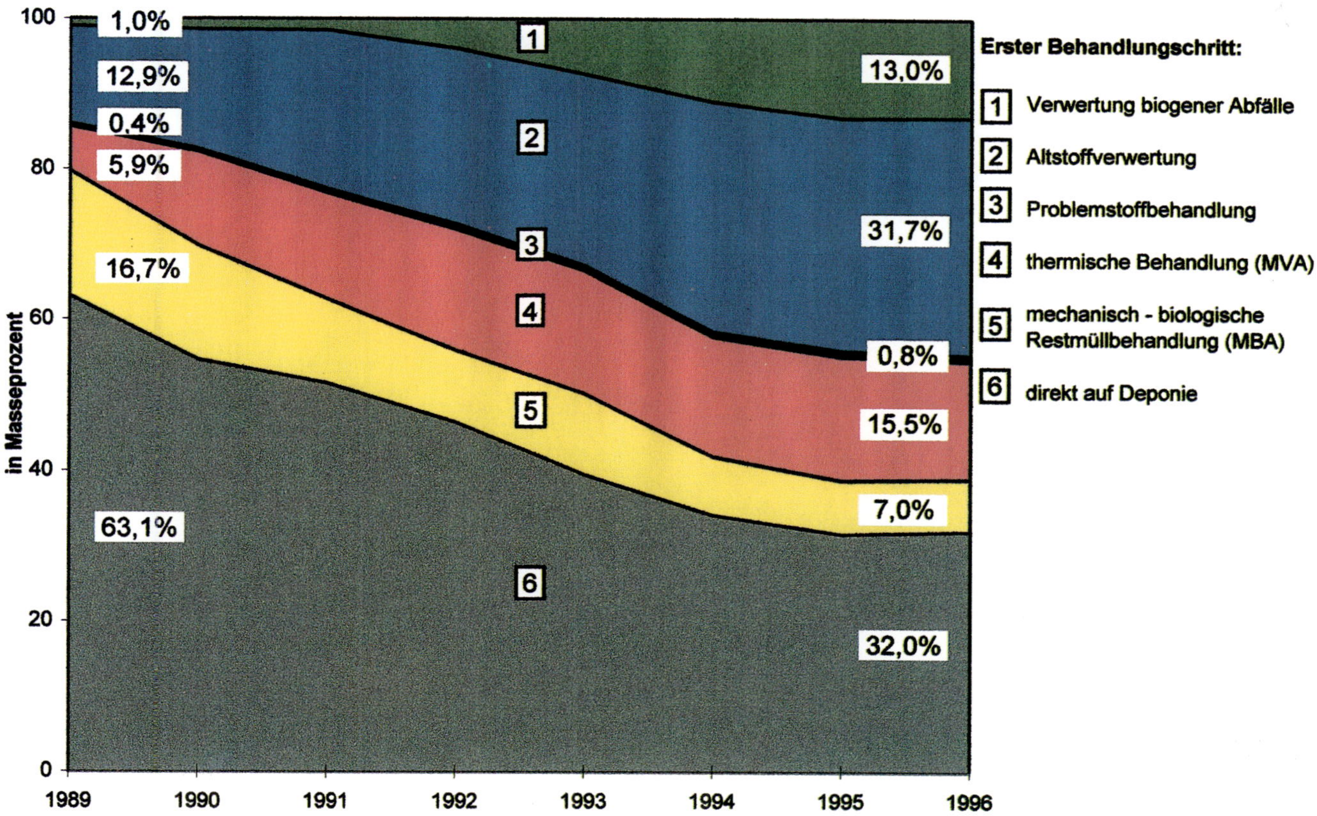

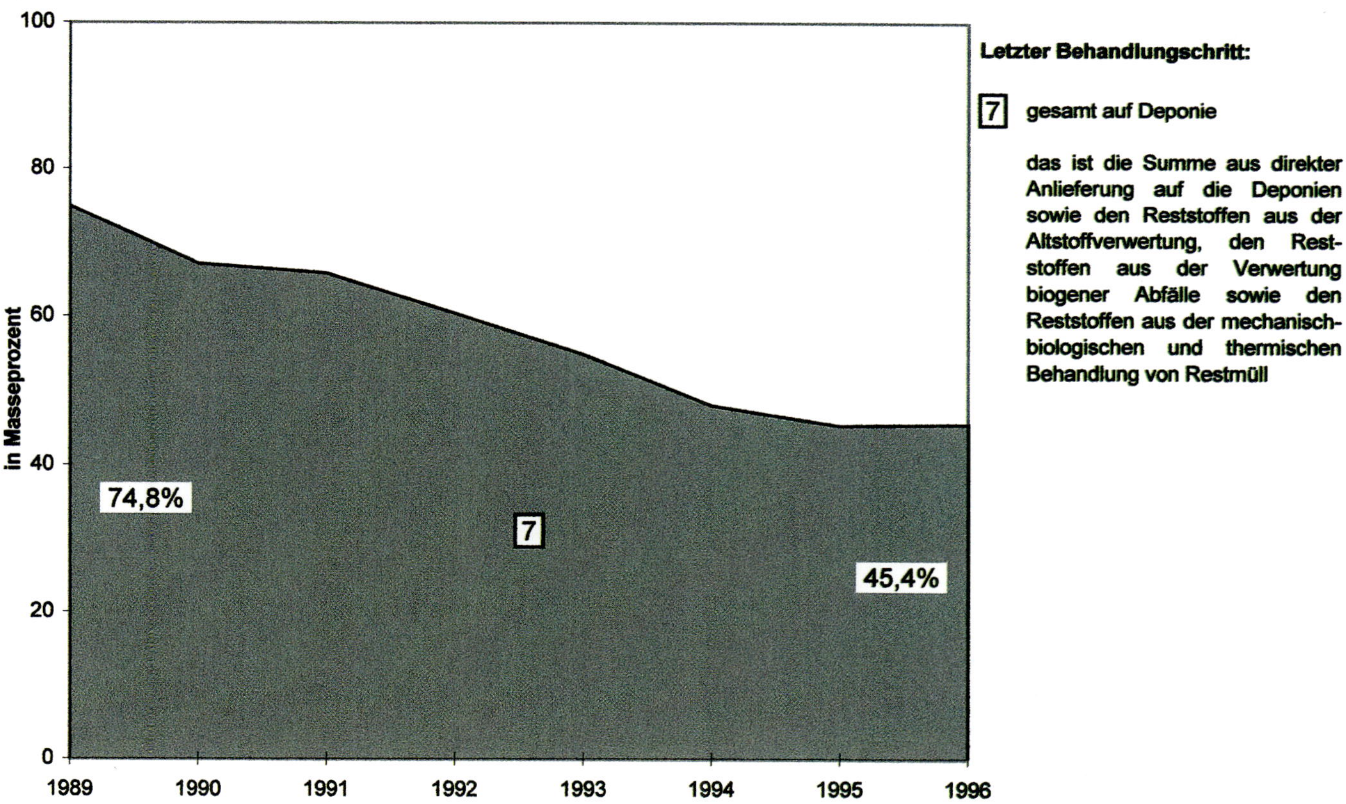

Umweltbundesamt

Juni 1998

- Steigerungen des Aufkommens werden zur Veranschaulichung der unterschiedlichen Auswirkungen verschiedener Behandlungsschritte in den Szenarien zwar nicht dargestellt, sind jedoch auf Grund der Entwicklungen der letzten Jahre mit hoher Wahrscheinlichkeit anzunehmen.

  Die Ursachen dafür werden u.a. in einem weiteren Anstieg der Wohnbevölkerung, in einer dementsprechenden Zunahme der Haushalte, in der Abnahme der durchschnittlichen Haushaltsgröße, in einer Änderung der Eßgewohnheiten der Verbraucher (Nachfrage nach Fertiggerichten in kleineren verpackten Portionen) sowie einem vermehrten marktseitigen Angebot an Einwegprodukten liegen. Zudem werden weiterhin vermehrt Grünabfälle aus Hausgärten, die früher dort kompostiert wurden, in Sammelbehälter für biogene Abfälle gelangen.

- Die Zusammensetzung der Haushaltsabfälle ändert sich zwischen dem Ausgangsjahr 1996 und dem Zieljahr der Prognose nicht wesentlich.
- Die Sammelqualitäten der getrennt erfaßten Fraktionen sind etwa gleichbleibend.
- Die Quote der Eigenkompostierung biogener Abfälle ändert sich nur unwesentlich.
- Bundesweit existiert eine ausreichende Anzahl von Verwertungs- und Behandlungsanlagen nach dem Stand der Technik und in optimaler räumlicher Verteilung.

Basierend auf einer Gesamtmenge von rd. 2,78 Mio t Abfällen aus Haushalten und ähnlichen Einrichtungen stellt sich zukünftig die Verteilung dieser Abfälle wie folgt dar:

Tabelle 36: Zukünftiges Aufkommen von Abfällen aus Haushalten und ähnlichen Einrichtungen, gegliedert nach Fraktionen

Fraktion	Aufkommen
Restmüll	rd. 850.000 t
Sperrmüll	rd. 220.000 t
Altstoffe, getrennt zu sammeln	rd. 1.080.000 t
Biogene Abfälle, getrennt zu sammeln	rd. 600.000 t
Problemstoffe, getrennt zu sammeln	rd. 30.000 t
Abfälle aus Haushalten	rd. 2.780.000 t

Ausgehend vom ermittelten Massenpotential und auf Grundlage der getroffenen Annahmen sind nach Zuordnung zu den entsprechenden Verwertungs- und Behandlungswegen die notwendigen Anlagenkapazitäten ermittelt worden.

Insgesamt sind

- bis zu 935.000 t/a sortierte Altstoffe aus getrennter Erfassung den Anlagen zur stofflichen Verwertung zuzuführen;
- rd. 540.000 t/a sortierte biogene Abfälle aus getrennter Erfassung („Biotonne") biotechnisch zu behandeln (geschätzte Komposterzeugung: rd. 190.000 t/a);
- rd. 30.000 t/a Problemstoffe speziellen Behandlungsanlagen zuzuführen.

Wesentlichen Einfluß auf die Behandlung der weiteren Fraktionen hat der Vollzug der Deponieverordnung. Zur Darstellung der unterschiedlichen Auswirkungen von einzusetzenden Behandlungsverfahren wurden zwei Szenarien im Detail untersucht:

Szenario I: Thermische Behandlung und Verwertung von Restmüll, Sperrmüll sowie von Altstoffen und Reststoffen aus Sortierung und sonstiger Behandlung

Szenario II: Kombination von mechanisch-biologischer Vorbehandlung des Restmülls und thermischer Behandlung und Verwertung von heizwertreichen Fraktionen sowie von Altstoffen und Reststoffen aus Sortierung und sonstiger Behandlung

Zur Sortierung der rd. 1,1 Mio t getrennt erfaßten Altstoffe bzw. zur stofflichen Verwertung von über 900.000 t dieser Abfälle werden in Zukunft ausreichende Anlagenkapazitäten zur Verfügung stehen. Die Errichtung der dafür notwendigen Anlagen regelt der Markt. Kapazitäten von Anlagen zur Sortierung bzw. biotechnischen Behandlung von getrennt gesammelten biogenen Abfällen in einer Größenordnung bis zu 600.000 t sind bereits heute großteils vorhanden.

Zusätzlich zu bereits bestehenden Kapazitäten zur thermischen Behandlung von Abfällen aus Haushalten in den Müllverbrennungsanlagen in Wien und Wels (rd. 520,.000 t/a) sind

- beim Szenario I zusätzliche Durchsatzleistungen zur thermischen Behandlung von Restmüll und Sperrmüll sowie von Reststoffen aus der Behandlung getrennt erfaßter Abfälle von rd. 780.000 t/a einzurichten (davon rd. 530.000 t/a für Rest- und Sperrmüll);
- beim Szenario II zusätzliche Verbrennungskapazitäten für heizwertreiche Fraktionen aus dem Restmüll, für Sperrmüll sowie für die Reststoffe aus der Behandlung getrennt gesammelter Abfälle in einer Größenordnung von rd. 330.000 t/a zu errichten. Zu den bestehenden Durchsatzleistungen von Anlagen zur mechanisch-biologischen Vorbehandlung von Restmüll werden zudem weitere Kapazitäten in einem Ausmaß von rd. 200.000 t/a notwendig sein. Weiters müssen bestehende Anlagen zur mechanisch-biologischen Vorbehandlung an den Stand der Technik angepaßt werden.

Für die Deponierung der mindestens 390.000 bis 460.000 t Reststoffe aus thermischer bzw. biotechnischer Behandlung vor eventuell notwendiger Konditionierung ist aus heutiger Sicht ausreichendes Deponievolumen vorhanden. Regionale Engpässe können jedoch auftreten.

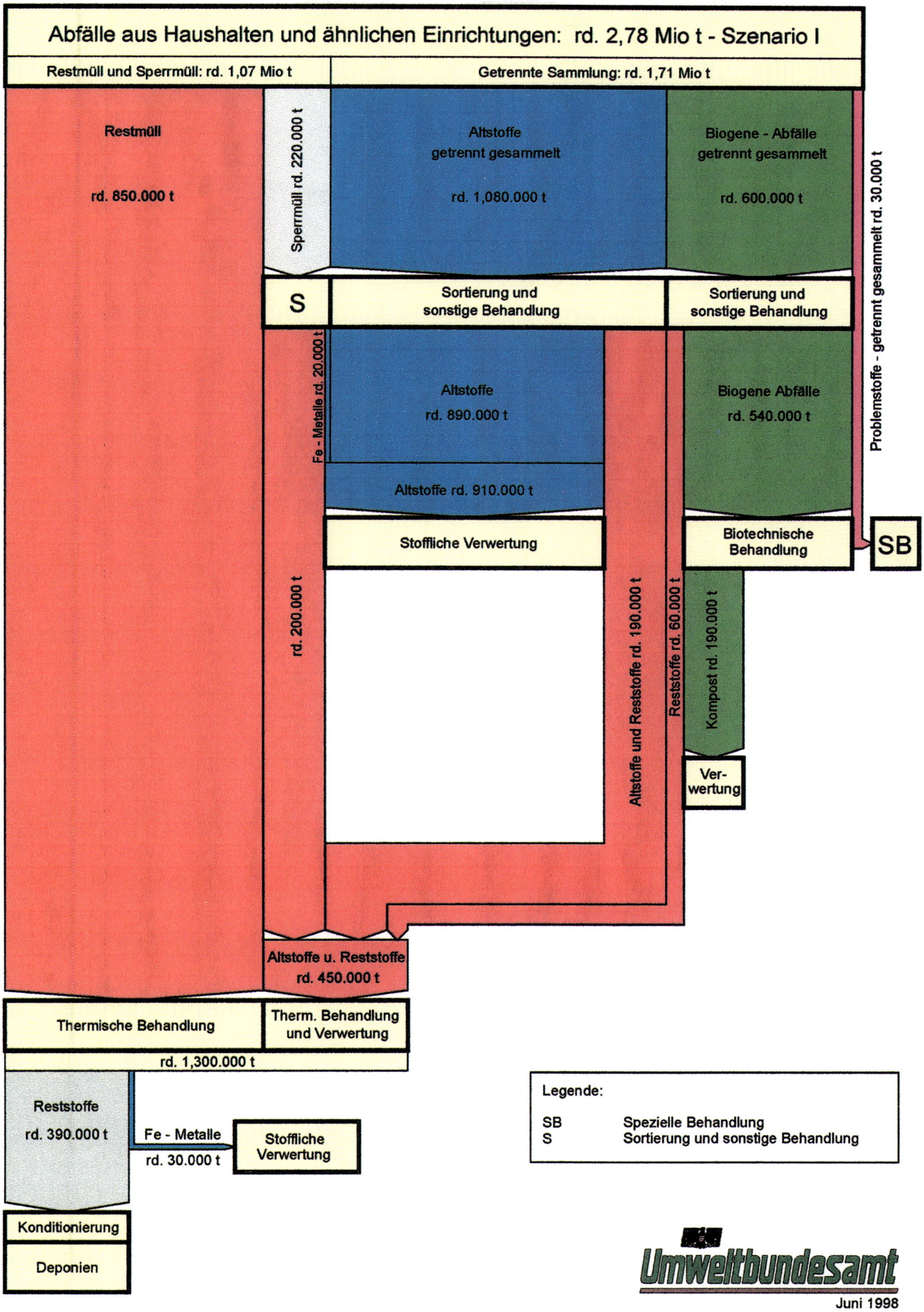
Abfälle aus Haushalten und ähnlichen Einrichtungen: rd. 2,78 Mio t - Szenario I
Restmüll und Sperrmüll: rd. 1,07 Mio t
Getrennte Sammlung: rd. 1,71 Mio t
Restmüll
rd. 850.000 t
Sperrmüll rd. 220.000 t
Altstoffe
getrennt gesammelt
rd. 1,080.000 t
Biogene - Abfälle
getrennt gesammelt
rd. 600.000 t
Problemstoffe - getrennt gesammelt rd. 30.000 t
S
Sortierung und
sonstige Behandlung
Sortierung und
sonstige Behandlung
Fe - Metalle rd. 20.000 t
Altstoffe
rd. 890.000 t
Biogene Abfälle
rd. 540.000 t
Altstoffe rd. 910.000 t
Stoffliche Verwertung
Biotechnische
Behandlung
SB
rd. 200.000 t
Altstoffe und Reststoffe rd. 190.000 t
Reststoffe rd. 60.000 t
Kompost rd. 190.000 t
Ver-
wertung
Altstoffe u. Reststoffe
rd. 450.000 t
Thermische Behandlung
Therm. Behandlung
und Verwertung
rd. 1,300.000 t
Reststoffe
rd. 390.000 t
Fe - Metalle
rd. 30.000 t
Stoffliche
Verwertung
Konditionierung
Deponien
Legende:
SB Spezielle Behandlung
S Sortierung und sonstige Behandlung
Umweltbundesamt
Juni 1998

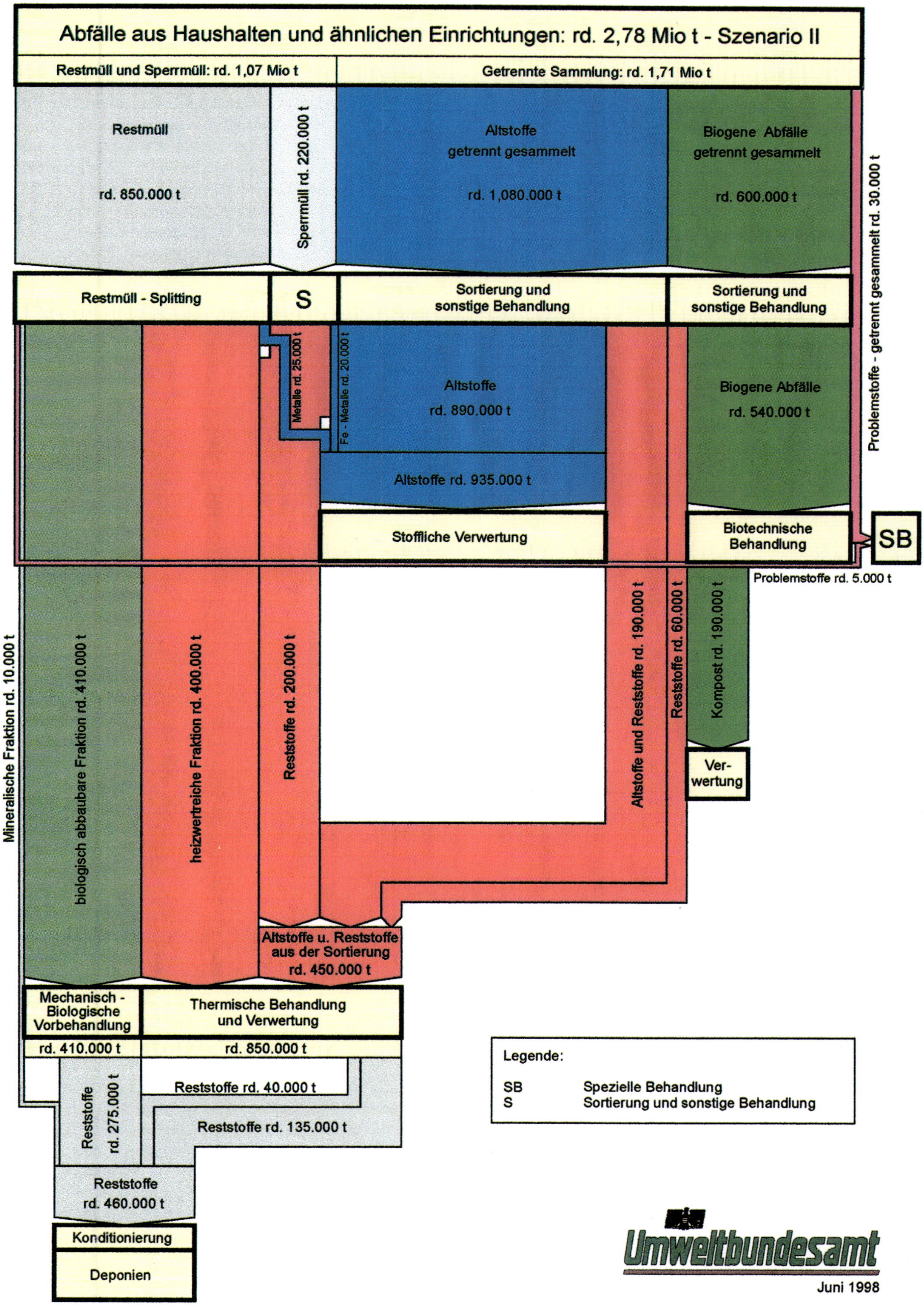

Abfälle aus Haushalten und ähnlichen Einrichtungen: rd. 2,78 Mio t - Szenario II
Restmüll und Sperrmüll: rd. 1,07 Mio t
Getrennte Sammlung: rd. 1,71 Mio t
Restmüll rd. 850.000 t
Sperrmüll rd. 220.000 t
Altstoffe getrennt gesammelt rd. 1,080.000 t
Biogene Abfälle getrennt gesammelt rd. 600.000 t
Problemstoffe - getrennt gesammelt rd. 30.000 t
Restmüll - Splitting
S
Sortierung und sonstige Behandlung
Sortierung und sonstige Behandlung
Metalle rd. 25.000 t
Fe - Metalle rd. 20.000 t
Altstoffe rd. 890.000 t
Biogene Abfälle rd. 540.000 t
Altstoffe rd. 935.000 t
Stoffliche Verwertung
Biotechnische Behandlung
SB
Problemstoffe rd. 5.000 t
Mineralische Fraktion rd. 10.000 t
biologisch abbaubare Fraktion rd. 410.000 t
heizwertreiche Fraktion rd. 400.000 t
Reststoffe rd. 200.000 t
Altstoffe und Reststoffe rd. 190.000 t
Reststoffe rd. 60.000 t
Kompost rd. 190.000 t
Ver-wertung
Altstoffe u. Reststoffe aus der Sortierung rd. 450.000 t
Mechanisch - Biologische Vorbehandlung
Thermische Behandlung und Verwertung
rd. 410.000 t
rd. 850.000 t
Reststoffe rd. 275.000 t
Reststoffe rd. 40.000 t
Reststoffe rd. 135.000 t
Reststoffe rd. 460.000 t
Konditionierung
Deponien
Legende:
SB Spezielle Behandlung
S Sortierung und sonstige Behandlung
Umweltbundesamt
Juni 1998

2.5 Abfallwirtschaftliche Eckdaten

2.5.1 Jahresdurchschnittsbevölkerung Österreichs 1989 - 1996

Die Berechnung für einwohnerspezifische Aufkommensquoten je Jahr basieren auf der Jahresdurchschnittsbevölkerung Österreichs gemäß Bevölkerungsfortschreibung des Österreichischen Statistischen Zentralamtes auf Grund der Volkszählungsergebnisse 1991.

Jahresdurchschnittsbevölkerung Österreichs								
	1989	1990	1991	1992	1993	1994	1995	1996
Burgenland	268.887	269.626	270.998	272.722	273.283	273.613	274.334	275.282
Kärnten	543.114	545.411	548.693	554.245	558.295	559.696	560.994	562.814
Niederösterreich	1.450.451	1.463.624	1.477.059	1.493.165	1.505.236	1.511.555	1.518.254	1.524.286
Oberösterreich	1.302.361	1.317.313	1.336.559	1.357.300	1.373.317	1.383.620	1.385.769	1.380.703
Salzburg	468.085	476.193	483.984	492.765	500.826	504.258	506.850	509.404
Steiermark	1.179.305	1.181.548	1.186.730	1.196.152	1.202.562	1.203.993	1.206.317	1.207.221
Tirol	618.019	624.417	632.107	640.688	648.837	654.753	658.312	660.228
Vorarlberg	320.878	327.203	332.104	337.156	340.077	342.461	343.109	344.048
Wien	1.507.701	1.523.901	1.544.737	1.569.619	1.589.052	1.595.768	1.592.596	1.595.399
Österreich	**7.658.801**	**7.729.236**	**7.812.971**	**7.913.812**	**7.991.485**	**8.029.717**	**8.046.535**	**8.059.385**

Österreichisches Statistisches Zentralamt

2.5.2 Aufkommen, Verwertung und Behandlung von Abfällen aus Haushalten 1989 - 1996

Kommentare zu den Tabellen

- Werte zum Aufkommen nach Angaben der Ämter der Landesregierungen
- Die Berechnungen der aktuellen einwohnerspezifischen Quoten für Aufkommen, Verwertung und Behandlung von Abfällen aus Haushalten basieren auf den jährlichen Angaben des Österreichischen Statistischen Zentralamtes zur Wohnbevölkerung im Jahresdurchschnitt gemäß Bevölkerungsfortschreibung
- k.A. (keine Angaben); Angaben zu Aufkommen, Verwertung und Behandlung sind anderen Orts vorhanden, jedoch dem Umweltbundesamt nicht bekannt
- 0; es existiert kein Aufkommen, keine Verwertung bzw. keine Behandlung
- Erhebungsstand der Daten: Oktober 1997
- Die Massen von Restmüll, von Sperrmüll und der getrennten Sammlungen können geringe Anteile von Abfällen aus Handel, Gewerbe und Industrie beinhalten
- Die Werte für Verwertung und Behandlung beziehen sich auf den Entstehungsort der Abfälle (=Bundesland) und nicht auf den geographischen Ort der Verwertung und Behandlung
- „Direkt auf Deponie"; d.s. jene Abfälle, die nach ihrer Erfassung weder an Anlagen zur Sortierung und Verwertung noch an Anlagen zur mechanisch-biologischen Vorbehandlung oder an thermische Anlagen angeliefert werden
- „Mechanisch-biologische Vorbehandlung von Restmüll"; Werte nach Angaben der Anlagenbetreiber (z.T. extrapoliert vom Umweltbundesamt)
- „Thermische Behandlung"; Werte nach Angaben der Anlagenbetreiber
- „Problemstoffbehandlung"; d.s. die Massen der getrennt erfaßten Problemstoffe vor Einbringung in Sortier- und Behandlungsanlagen
- „Altstoffverwertung"; d.s. die Massen der getrennt gesammelten Altstoffe vor Einbringung in Sortier- und Verwertungsanlagen
- „Verwertung biogener Abfälle"; d.s. die Massen der getrennt gesammelten biogenen Abfälle vor Einbringung in Sortier- und Verwertungsanlagen
- „Gesamt auf Deponien"; d. i. die Summe aus direkter Anlieferung auf Deponien, den Reststoffen aus der Sortierung getrennt gesammelter Abfälle, den Reststoffen aus der mechanisch-biologischen und thermischen Behandlung von Rest- bzw. Sperrmüll sowie den Reststoffen aus der Verwertung getrennt gesammelter Altstoffe und biogener Abfälle (ohne Zuschlagstoffe aus der Konditionierung)

Abfälle aus Haushalten und ähnlichen Einrichtungen 1996

Land		Restmüll	Sperrmüll	Problemstoffe	Altstoffe: Papier	Glas	Metalle	Textil	Leichtfraktion	Sonstige Abfälle	Biogene Abfälle	Gesamt	Verwertung und Behandlung - erster Behandlungsschritt: Direkt auf Deponie	Mech.- biolog. Restmüllbeh.	Thermische Behandlung	Problemstoffbehandlung	Altstoffverwertung	Verwertung biog. Abfälle	Gesamt auf Deponie
Bgl	t	29.820	5.683	350	13.472	5.986	1.740	881	4.229		14.097	76.258	5.300	30.200		350	26.308	14.097	32.000
	kg/Ew.a	108	20,6	1,3	48,9	21,7	6,3	3,2	15,4	k.A.	51,2	277	19,3	109,7	0	1,3	95,6	51,2	116,2
	Masse-%	39,1	7,5	0,5	17,7	7,8	2,3	1,2	5,5		18,5	100	7,0	39,6		0,5	34,5	18,5	42,0
Ktn	t	86.400	17.900	1.100	26.800	12.700	2.960	2.027	4.800		11.500	166.187	104.300			1.100	49.287	11.500	110.000
	kg/Ew.a	154	31,8	2,0	47,6	22,6	5,3	3,6	8,5	k.A.	20,4	295	185,3	0	0	2,0	87,6	20,4	195,4
	Masse-%	52,0	10,8	0,7	16,1	7,6	1,8	1,2	2,9		6,9	100	62,8			0,7	29,7	6,9	66,2
Nö	t	190.995	54.948	5.372	74.444	29.566	40.458	3.187	18.505	1.172	91.854	510.501	228.900	17.000		5.372	167.332	91.854	262.000
	kg/Ew.a	125	36,0	3,5	48,8	19,4	26,5	2,1	12,1	0,8	60,3	335	150,2	11,2	0	3,5	109,8	60,3	171,9
	Masse-%	37,4	10,8	1,1	14,6	5,8	7,9	0,6	3,6	0,2	18,0	100	44,8	3,3		1,1	32,8	18,0	51,3
Oö	t	164.120	32.198	5.831	65.788	31.020	25.369	4.189	16.852		51.763	397.130	134.800	32.300	29.300	5.831	143.218	51.763	189.000
	kg/Ew.a	119	23,3	4,2	47,6	22,5	18,4	3,0	12,2	k.A.	37,5	288	97,6	23,4	21,2	4,2	103,7	37,5	136,9
	Masse-%	41,3	8,1	1,5	16,6	7,8	6,4	1,1	4,2		13,0	100	33,9	8,1	7,4	1,5	36,1	13,0	47,6
Sbg	t	73.500	20.100	905	21.350	12.050	6.300	1.091	6.550		23.100	164.946	9.900	83.700		905	47.341	23.100	75.000
	kg/Ew.a	144	39,5	1,8	41,9	23,7	12,4	2,1	12,9	k.A.	45,3	324	19,4	164,3	0	1,8	92,9	45,3	147,2
	Masse-%	44,6	12,2	0,5	12,9	7,3	3,8	0,7	4,0		14,0	100	6,0	50,7		0,5	28,7	14,0	45,5
Stmk	t	133.961	36.296	3.506	67.381	30.616	20.879	2.187	16.185		48.959	359.970	151.900	18.300		3.506	137.248	48.959	179.000
	kg/Ew.a	111	30	3	56	25	17	2	13	k.A.	41	298	125,8	15,2	0	2,9	113,7	40,6	148,3
	Masse-%	37,2	10,1	1,0	18,7	8,5	5,8	0,6	4,5		13,6	100	42,2	5,1		1,0	38,1	13,6	49,7
Tirol	t	107.404	22.396	2.019	38.735	23.666	10.301	2.640	9.498		32.636	249.295	117.100	12.700		2.019	84.840	32.636	136.000
	kg/Ew.a	163	33,9	3,1	58,7	35,8	15,6	4,0	14,4	k.A.	49,4	378	177,4	19,2	0	3,1	128,5	49,4	206,0
	Masse-%	43,1	9,0	0,8	15,5	9,5	4,1	1,1	3,8		13,1	100	47,0	5,1		0,8	34,0	13,1	54,6
Vbg	t	37.959	3.230	1.074	21.615	10.240	2.529	1.751	4.775		7.150	90.323	41.200			1.074	40.910	7.150	46.000
	kg/Ew.a	110	9,4	3,1	62,8	29,8	7,4	5,1	13,9	k.A.	20,8	263	119,8	0	0	3,1	118,9	20,8	133,7
	Masse-%	42,0	3,6	1,2	23,9	11,3	2,8	1,9	5,3		7,9	100	45,6			1,2	45,3	7,9	50,9
Wien	t	467.256	28.171	3.491	109.304	26.849	15.687	379	8.191	21.981	79.116	760.425	93.300		402.100	3.491	182.391	79.116	232.000
	kg/Ew.a	293	17,7	2,2	68,5	16,8	9,8	0,2	5,1	13,8	49,6	477	58,5	0	252,0	2,2	114,3	49,6	145,4
	Masse-%	61,4	3,7	0,5	14,4	3,5	2,1	0,0	1,1	2,9	10,4	100	12,3		52,9	0,5	24,0	10,4	30,5
Österr.	t	1.291.000	221.000	24.000	439.000	183.000	126.000	18.000	90.000	23.000	360.000	2.775.000	887.000	194.000	431.000	24.000	879.000	360.000	1.261.000
	kg/Ew.a	160	27,4	3,0	54,5	22,7	15,6	2,2	11,2	2,9	44,7	344	110,1	24,1	53,5	3,0	109,1	44,7	156,5
	Masse-%	46,5	8,0	0,9	15,8	6,6	4,5	0,6	3,2	0,8	13,0	100	32,0	7,0	15,5	0,9	31,7	13,0	45,4

Umweltbundesamt

Juni 1998

Abfälle aus Haushalten und ähnlichen Einrichtungen 1995

Land		Rest-müll	Sperr-müll	Problem-stoffe	Altstoffe: Papier	Glas	Metalle	Textil	Leicht-fraktion	Sonstige Abfälle	Biogene Abfälle	Gesamt	Verwertung und Behandlung - erster Behandlungsschritt: Direkt auf Deponie	Mech.- biolog. Restmüllbeh.	Thermische Behandlung	Problemstoff-behandlung	Altstoff-verwertung	Verwertung biog. Abfälle	Gesamt auf Deponie
	t	27.830	6.326	346	11.757	5.719	2.438	848	3.584		11.709	70.557	7.200	27.000		346	24.346	11.709	28.000
Bgl	kg/Ew.a	101	23,1	1,3	42,9	20,8	8,9	3,1	13,1	k.A.	42,7	257	26,2	98,4	0	1,3	88,7	42,7	102,1
	Masse-%	39,4	9,0	0,5	16,7	8,1	3,5	1,2	5,1	.	16,6	100	10,2	38,3	.	0,5	34,5	16,6	39,7
	t	88.200	18.300	1.100	23.500	12.400	2.804	1.800	6.300		7.000	161.404	106.500			1.100	46.804	7.000	112.000
Ktn	kg/Ew.a	157	32,6	2,0	41,9	22,1	5,0	3,2	11,2	k.A.	12,5	288	189,8	0	0	2,0	83,4	12,5	199,6
	Masse-%	54,6	11,3	0,7	14,6	7,7	1,7	1,1	3,9	.	4,3	100	66,0	.	.	0,7	29,0	4,3	69,4
	t	178.287	50.580	5.251	70.721	28.960	36.915	3.325	16.329	1.532	84.328	476.228	208.800	20.100		5.251	157.782	84.328	243.000
Nö	kg/Ew.a	117	33,3	3,5	46,6	19,1	24,3	2,2	10,8	1,0	55,5	314	137,5	13,2	0	3,5	103,9	55,5	160,1
	Masse-%	37,4	10,6	1,1	14,9	6,1	7,8	0,7	3,4	0,3	17,7	100	43,8	4,2		1,1	33,1	17,7	51,0
	t	165.365	28.498	5.087	61.220	30.824	23.701	3.327	15.637		60.159	393.818	146.500	31.000	16.300	5.087	134.709	60.159	194.000
Oö	kg/Ew.a	119	20,6	3,7	44,2	22,2	17,1	2,4	11,3	k.A.	43,4	284	105,7	22,4	11,8	3,7	97,2	43,4	140,0
	Masse-%	42,0	7,2	1,3	15,5	7,8	6,0	0,8	4,0	.	15,3	100	37,2	7,9	4,1	1,3	34,2	15,3	49,3
	t	71.100	20.300	860	20.700	13.200	5.800	1.104	6.100		21.900	161.064	7.000	84.400		860	46.904	21.900	72.000
Sbg	kg/Ew.a	140	40,1	1,7	40,8	26,0	11,4	2,2	12,0	k.A.	43,2	318	13,8	166,5	0	1,7	92,5	43,2	142,1
	Masse-%	44,1	12,6	0,5	12,9	8,2	3,6	0,7	3,8	.	13,6	100	4,3	52,4	.	0,5	29,1	13,6	44,7
	t	131.058	32.747	3.791	61.350	28.858	19.087	2.543	16.523	1.521	52.727	350.205	145.800	18.000		3.791	129.882	52.727	169.000
Stmk	kg/Ew.a	109	27,1	3,1	50,9	23,9	15,8	2,1	13,7	1,3	43,7	290	120,9	14,9	0	3,1	107,7	43,7	140,1
	Masse-%	37,4	9,4	1,1	17,5	8,2	5,5	0,7	4,7	0,4	15,1	100	41,6	5,1	.	1,1	37,1	15,1	48,3
	t	94.253	20.933	1.818	31.404	23.531	3.787	2.614	8.434	321	21.488	208.583	104.700	10.500		1.818	70.091	21.488	121.000
Tirol	kg/Ew.a	143	31,8	2,8	47,7	35,7	5,8	4,0	12,8	0,5	32,6	317	159,0	15,9	0	2,8	106,5	32,6	183,8
	Masse-%	45,2	10,0	0,9	15,1	11,3	1,8	1,3	4,0	0,2	10,3	100	50,2	5,0	.	0,9	33,6	10,3	58,0
	t	40.185	2.828	971	19.746	9.901	2.418	1.300	4.211		6.426	87.986	43.000			971	37.576	6.426	48.000
Vbg	kg/Ew.a	117	8,2	2,8	57,6	28,9	7,0	3,8	12,3	k.A.	18,7	256	125,3	0	0	2,8	109,5	18,7	139,9
	Masse-%	45,7	3,2	1,1	22,4	11,3	2,7	1,5	4,8	.	7,3	100	48,9	.	.	1,1	42,7	7,3	54,6
	t	447.756	31.851	3.086	105.361	31.240	14.774	342	6.565	12.617	80.521	734.113	64.600		415.000	3.086	170.899	80.521	207.000
Wien	kg/Ew.a	281	20,0	1,9	66,2	19,6	9,3	0,2	4,1	7,9	50,6	461	40,6	0	260,6	1,9	107,3	50,6	130,0
	Masse-%	61,0	4,3	0,4	14,4	4,3	2,0	0,0	0,9	1,7	11,0	100	8,8	.	56,5	0,4	23,3	11,0	28,2
	t	1.244.000	212.000	22.000	406.000	185.000	112.000	17.000	84.000	16.000	346.000	2.644.000	834.000	191.000	431.000	22.000	819.000	346.000	1.194.000
Österr.	kg/Ew.a	155	26,3	2,7	50,5	23,0	13,9	2,1	10,4	2,0	43,0	329	103,6	23,7	53,6	2,7	101,8	43,0	148,4
	Masse-%	47,0	8,0	0,8	15,4	7,0	4,2	0,6	3,2	0,6	13,1	100	31,5	7,2	16,3	0,8	31,0	13,1	45,2

Umweltbundesamt

Juni 1998

Abfälle aus Haushalten und ähnlichen Einrichtungen 1994

Land		Rest-müll	Sperr-müll	Problem-stoffe	Altstoffe: Papier	Altstoffe: Glas	Altstoffe: Metalle	Altstoffe: Textil	Altstoffe: Leicht-fraktion	Altstoffe: Sonstige Abfälle	Biogene Abfälle	Gesamt	Verwertung und Behandlung - erster Behandlungsschritt: Direkt auf Deponie	Mech.- biolog. Restmüllbeh.	Thermische Behandlung	Problemstoff-behandlung	Altstoff-verwertung	Verwertung biog. Abfälle	Gesamt auf Deponie
Bgl	t	32.841	5.496	500	10.214	5.687	1.461	770	2.603		8.063	67.635	7.600	30.800		500	20.735	8.063	37.000
	kg/Ew.a	120	20,1	1,8	37,3	20,8	5,3	2,8	9,5	k.A.	29,5	247	27,8	112,6	0	1,8	75,8	29,5	135,2
	Masse-%	48,6	8,1	0,7	15,1	8,4	2,2	1,1	3,8		11,9	100	11,2	45,5		0,7	30,7	11,9	54,7
Ktn	t	107.000	19.000	950	25.000	12.500	2.400	1.800	3.400		1.500	173.550	126.000			950	45.100	1.500	131.000
	kg/Ew.a	191	33,9	1,7	44,7	22,3	4,3	3,2	6,1	k.A.	2,7	310	225,1	0	0	1,7	80,6	2,7	234,1
	Masse-%	61,7	10,9	0,5	14,4	7,2	1,4	1,0	2,0		0,9	100	72,6			0,5	26,0	0,9	75,5
Nö	t	174.268	43.976	5.259	66.678	28.921	36.876	3.003	14.447	867	77.125	451.420	198.200	20.100		5.259	150.792	77.125	232.000
	kg/Ew.a	115	29,1	3,5	44,1	19,1	24,4	2,0	9,6	0,6	51,0	299	131,1	13,3	0	3,5	99,8	51,0	153,5
	Masse-%	38,6	9,7	1,2	14,8	6,4	8,2	0,7	3,2	0,2	17,1	100	43,9	4,5		1,2	33,4	17,1	51,4
Oö	t	168.533	26.677	3.071	58.604	30.502	23.851	3.161	10.748		43.113	368.260	164.900	30.300		3.071	126.866	43.113	205.000
	kg/Ew.a	122	19,3	2,2	42,4	22,0	17,2	2,3	7,8	k.A.	31,2	266	119,2	21,9	0	2,2	91,7	31,2	148,2
	Masse-%	45,8	7,2	0,8	15,9	8,3	6,5	0,9	2,9		11,7	100	44,8	8,2		0,8	34,5	11,7	55,7
Sbg	t	76.300	21.000	883	21.900	14.600	5.600	975	4.500		14.200	159.958	8.800	88.500		883	47.575	14.200	77.000
	kg/Ew.a	151	41,6	1,8	43,4	29,0	11,1	1,9	8,9	k.A.	28,2	317	17,5	175,5	0	1,8	94,3	28,2	152,7
	Masse-%	47,7	13,1	0,6	13,7	9,1	3,5	0,6	2,8		8,9	100	5,5	55,3		0,6	29,7	8,9	48,1
Stmk	t	128.887	22.768	2.736	57.806	30.075	20.523	1.888	11.611	8.161	48.401	332.856	133.000	18.600		2.736	130.064	48.401	156.000
	kg/Ew.a	107	19	2	48	25	17	2	10	7	40	276	110,5	15,4	0	2,3	108,0	40,2	129,6
	Masse-%	38,7	6,8	0,8	17,4	9,0	6,2	0,6	3,5	2,5	14,5	100	40,0	5,6		0,8	39,1	14,5	46,9
Tirol	t	113.082	25.326	1.640	31.228	23.897	3.393	4.259	6.397		10.500	219.722	126.000	12.400		1.640	69.174	10.500	143.000
	kg/Ew.a	173	38,7	2,5	47,7	36,5	5,2	6,5	9,8	k.A.	16,0	336	192,4	18,9	0	2,5	105,6	16,0	218,4
	Masse-%	51,5	11,5	0,7	14,2	10,9	1,5	1,9	2,9		4,8	100	57,3	5,6		0,7	31,5	4,8	65,1
Vbg	t	40.253	3.171	870	18.566	9.806	2.205	1.348	3.130		5.990	85.339	43.400			870	35.055	5.990	47.000
	kg/Ew.a	118	9,3	2,5	54,2	28,6	6,4	3,9	9,1	k.A.	17,5	249	126,7	0	0	2,5	102,4	17,5	137,2
	Masse-%	47,2	3,7	1,0	21,8	11,5	2,6	1,6	3,7		7,0	100	50,9			1,0	41,1	7,0	55,1
Wien	t	440.256	31.953	2.805	102.803	31.377	13.941	355	5.538	5.988	74.831	709.847	67.900		404.300	2.805	160.002	74.831	202.000
	kg/Ew.a	276	20,0	1,8	64,4	19,7	8,7	0,2	3,5	3,8	46,9	445	42,6	0	253,4	1,8	100,3	46,9	126,6
	Masse-%	62,0	4,5	0,4	14,5	4,4	2,0	0,1	0,8	0,8	10,5	100	9,6		57,0	0,4	22,5	10,5	28,5
Österr.	t	1.281.000	199.000	19.000	393.000	187.000	110.000	18.000	62.000	15.000	284.000	2.569.000	876.000	201.000	404.000	19.000	785.000	284.000	1.230.000
	kg/Ew.a	160	24,8	2,4	48,9	23,3	13,7	2,2	7,7	1,9	35,4	320	109,1	25,0	50,3	2,4	97,8	35,4	153,2
	Masse-%	49,9	7,7	0,7	15,3	7,3	4,3	0,7	2,4	0,6	11,1	100	34,1	7,8	15,7	0,7	30,6	11,1	47,9

Umweltbundesamt

Juni 1998

Abfälle aus Haushalten und ähnlichen Einrichtungen 1993

Land		Rest-müll	Sperr-müll	Problem-stoffe	Altstoffe						Biogene Abfälle	Gesamt	Verwertung und Behandlung - erster Behandlungsschritt						Gesamt auf Deponie
					Papier	Glas	Metalle	Textil	Kunstst./ L.frakt.	Sonstige Abfälle			Direkt auf Deponie	Mech.- biolog. Restmüllbeh.	Thermische Behandlung	Problemstoff-behandlung	Altstoff-verwertung	Verwertung biog. Abfälle	
	t	55.297	4.934	508	8.077	4.838	510		280		1.718	76.162	28.300	32.000		510	13.700	1.700	54.000
Bgl	kg/Ew.a	202	18,1	1,9	29,6	17,7	1,9	k.A.	1,0	k.A.	6,3	279	103,6	117,1	0	1,9	50,1	6,2	197,6
	Masse-%	72,6	6,5	0,7	10,6	6,4	0,7		0,4		2,3	100	37,2	42,0		0,7	18,0	2,2	70,9
	t	116.000	14.000	1.036	18.500	11.800	962	1.800	430			164.528	130.000			1.040	33.500		133.000
Ktn	kg/Ew.a	208	25,1	1,9	33,1	21,1	1,7	3,2	0,8	k.A.	k.A.	295	232,9	0	0	1,9	60,0	k.A.	238,2
	Masse-%	70,5	8,5	0,6	11,2	7,2	0,6	1,1	0,3			100	79,0			0,6	20,4		80,8
	t	211.514	45.741	5.116	53.825	26.452	32.298	2.473		1.847	48.592	427.858	222.300	34.900		5.120	116.900	48.600	260.000
Nö	kg/Ew.a	141	30,4	3,4	35,8	17,6	21,5	1,6	k.A.	1,2	32,3	284	147,7	23,2	0	3,4	77,7	32,3	172,7
	Masse-%	49,4	10,7	1,2	12,6	6,2	7,5	0,6		0,4	11,4	100	52,0	8,2		1,2	27,3	11,4	60,8
	t	196.000	30.000	2.631	46.897	27.298	18.284	1.983	3.586		25.089	351.768	158.400	67.600		2.630	98.000	25.100	219.000
Oö	kg/Ew.a	143	21,8	1,9	34,1	19,9	13,3	1,4	2,6	k.A.	18,3	256	115,3	49,2	0	1,9	71,4	18,3	159,5
	Masse-%	55,7	8,5	0,7	13,3	7,8	5,2	0,6	1,0		7,1	100	45,0	19,2		0,7	27,9	7,1	62,3
	t	105.700	21.900	710	32.500	12.000	4.500	885	53		1.900	180.148	24.900	102.700		710	49.900	1.900	107.000
Sbg	kg/Ew.a	211	43,7	1,4	64,9	24,0	9,0	1,8	0,1	k.A.	3,8	360	49,7	205,1	0	1,4	99,6	3,8	213,6
	Masse-%	58,7	12,2	0,4	18,0	6,7	2,5	0,5	0,0		1,1	100	13,8	57,0		0,4	27,7	1,1	59,4
	t	148.018	19.452	2.482	51.345	28.791	15.135	923	784	5.751	35.417	308.098	150.900	16.600		2.480	102.700	35.400	174.000
Stmk	kg/Ew.a	123	16,2	2,1	42,7	23,9	12,6	0,8	0,7	4,8	29,5	256	125,5	13,8	0	2,1	85,4	29,4	144,7
	Masse-%	48,0	6,3	0,8	16,7	9,3	4,9	0,3	0,3	1,9	11,5	100	49,0	5,4		0,8	33,3	11,5	56,5
	t	155.000	15.500	1.409	24.750	19.900	2.350	2.589	990	2.160	6.300	230.948	156.600	13.900		1.410	52.700	6.300	172.000
Tirol	kg/Ew.a	239	23,9	2,2	38,1	30,7	3,6	4,0	1,5	3,3	9,7	356	241,4	21,4	0	2,2	81,2	9,7	265,1
	Masse-%	67,1	6,7	0,6	10,7	8,6	1,0	1,1	0,4	0,9	2,7	100	67,8	6,0		0,6	22,8	2,7	74,5
	t	43.540	3.360	537	18.621	9.158	1.806	1.179	428		5.541	84.170	46.800			540	31.200	5.600	50.000
Vbg	kg/Ew.a	128	9,9	1,6	54,8	26,9	5,3	3,5	1,3	k.A.	16,3	248	137,6	0	0	1,6	91,7	16,5	147,0
	Masse-%	51,7	4,0	0,6	22,1	10,9	2,1	1,4	0,5		6,6	100	55,6			0,6	37,1	6,7	59,4
	t	456.885	27.160	2.092	94.405	28.615	11.505	389	2.704	3.623	57.934	685.312	74.100		410.000	2.090	141.200	57.900	203.000
Wien	kg/Ew.a	288	17,1	1,3	59,4	18,0	7,2	0,2	1,7	2,3	36,5	431	46,6	0	258,0	1,3	88,9	36,4	127,7
	Masse-%	66,7	4,0	0,3	13,8	4,2	1,7	0,1	0,4	0,5	8,5	100	10,8		59,8	0,3	20,6	8,4	29,6
	t	1.488.000	182.000	17.000	349.000	169.000	87.000	12.000	9.000	13.000	182.000	2.509.000	992.000	268.000	410.000	17.000	640.000	183.000	1.372.000
Österr.	kg/Ew.a	186	22,8	2,1	43,7	21,1	10,9	1,5	1,1	1,6	22,8	314	124,1	33,5	51,3	2,1	80,1	22,9	171,7
	Masse-%	59,3	7,3	0,7	13,9	6,7	3,5	0,5	0,4	0,5	7,3	100	39,5	10,7	16,3	0,7	25,5	7,3	54,7

Umweltbundesamt

Juni 1998

Abfälle aus Haushalten und ähnlichen Einrichtungen 1992

Land		Rest-müll	Sperr-müll	Problem-stoffe	Altstoffe						Biogene Abfälle	Gesamt	Verwertung und Behandlung - erster Behandlungsschritt						Gesamt auf Deponie
					Papier	Glas	Metalle	Textil	Kunst-stoffe	Sonstige Altstoffe			Direkt auf Deponie	Mech.- biolog. Restmüllbeh.	Thermische Behandlung	Problemstoff-behandlung	Altstoff-verwertung	Verwertung biog. Abfälle	
Bgl	t	60.384	4.687	477	6.698	4.466	271		67		142	77.192	33.100	32.000		480	11.500	100	58.000
	kg/Ew.a	221	17,2	1,7	24,6	16,4	1,0	k.A.	0,2	k.A.	0,5	283	121,4	117,3	0	1,8	42,2	0,4	212,7
	Masse-%	78,2	6,1	0,6	8,7	5,8	0,4		0,1		0,2	100	42,9	41,5		0,6	14,9	0,1	75,1
Ktn	t	119.000	17.000	838	16.000	12.000	570	1.600	328			167.336	136.000			840	30.500		139.000
	kg/Ew.a	215	30,7	1,5	28,9	21,7	1,0	2,9	0,6	k.A.	k.A.	302	245,4	0	0	1,5	55,0	k.A.	250,8
	Masse-%	71,1	10,2	0,5	9,6	7,2	0,3	1,0	0,2			100	81,3			0,5	18,2		83,1
Nö	t	247.509	55.545	5.004	45.244	23.548	26.414	2.389		1.689	22.580	429.922	273.200	29.800		5.000	99.300	22.600	306.000
	kg/Ew.a	166	37,2	3,4	30,3	15,8	17,7	1,6	k.A.	1,1	15,1	288	183,0	20,0	0	3,3	66,5	15,1	204,9
	Masse-%	57,6	12,9	1,2	10,5	5,5	6,1	0,6		0,4	5,3	100	63,5	6,9		1,2	23,1	5,3	71,2
Oö	t	206.500	32.400	2.380	44.050	24.791	22.082	2.821	3.151		5.445	343.620	197.900	41.000		2.380	96.900	5.400	238.000
	kg/Ew.a	152	23,9	1,8	32,5	18,3	16,3	2,1	2,3	k.A.	4,0	253	145,8	30,2	0	1,8	71,4	4,0	175,3
	Masse-%	60,1	9,4	0,7	12,8	7,2	6,4	0,8	0,9		1,6	100	57,6	11,9		0,7	28,2	1,6	69,3
Sbg	t	117.100	21.900	812	27.450	11.450	3.970	800	271			183.753	36.300	102.700		810	43.900		118.000
	kg/Ew.a	238	44,4	1,6	55,7	23,2	8,1	1,6	0,5	k.A.	k.A.	373	73,7	208,4	0	1,6	89,1	k.A.	239,5
	Masse-%	63,7	11,9	0,4	14,9	6,2	2,2	0,4	0,1			100	19,8	55,9		0,4	23,9		64,2
Stmk	t	178.671	17.595	2.431	43.229	27.370	14.397	1.161	1.228	770	19.476	306.328	179.300	16.900		2.430	88.200	19.500	201.000
	kg/Ew.a	149	14,7	2,0	36,1	22,9	12,0	1,0	1,0	0,6	16,3	256	149,9	14,1	0	2,0	73,7	16,3	168,0
	Masse-%	58,3	5,7	0,8	14,1	8,9	4,7	0,4	0,4	0,3	6,4	100	58,5	5,5		0,8	28,8	6,4	65,6
Tirol	t	155.000	15.500	1.317	23.000	19.945	10.920	2.327	108			228.117	156.600	13.900		1.320	56.300		173.000
	kg/Ew.a	242	24,2	2,1	35,9	31,1	17,0	3,6	0,2	k.A.	k.A.	356	244,4	21,7	0	2,1	87,9	k.A.	270,0
	Masse-%	67,9	6,8	0,6	10,1	8,7	4,8	1,0	0,0			100	68,6	6,1		0,6	24,7		75,8
Vbg	t	44.745	6.546	629	17.660	9.104	1.505	1.225			5.390	86.804	51.300			630	29.500	5.400	54.000
	kg/Ew.a	133	19,4	1,9	52,4	27,0	4,5	3,6	k.A.	k.A.	16,0	257	152,2	0	0	1,9	87,5	16,0	160,2
	Masse-%	51,5	7,5	0,7	20,3	10,5	1,7	1,4			6,2	100	59,1			0,7	34,0	6,2	62,2
Wien	t	462.014	21.736	2.276	84.242	26.211	9.914	434	1.347	2.363	43.409	653.946	85.200		398.600	2.280	124.500	43.400	208.000
	kg/Ew.a	294	13,8	1,5	53,7	16,7	6,3	0,3	0,9	1,5	27,7	417	54,3	0	253,9	1,5	79,3	27,7	132,5
	Masse-%	70,7	3,3	0,3	12,9	4,0	1,5	0,1	0,2	0,4	6,6	100	13,0		61,0	0,3	19,0	6,6	31,8
Österr.	t	1.591.000	193.000	16.000	308.000	159.000	90.000	13.000	7.000	5.000	96.000	2.477.000	1.149.000	236.000	399.000	16.000	581.000	96.000	1.495.000
	kg/Ew.a	201	24,4	2,0	38,9	20,1	11,4	1,6	0,9	0,6	12,1	313	145,2	29,8	50,4	2,0	73,4	12,1	188,9
	Masse-%	64,2	7,8	0,6	12,4	6,4	3,6	0,5	0,3	0,2	3,9	100	46,4	9,5	16,1	0,6	23,5	3,9	60,4

Umweltbundesamt

Juni 1998

Abfälle aus Haushalten und ähnlichen Einrichtungen 1991

Land		Restmüll	Sperrmüll	Problemstoffe	Altstoffe: Papier	Glas	Metalle	Textilien	Kunststoffe	Sonstige Altstoffe	Biogene Abfälle	Gesamt	Verwertung und Behandlung - erster Behandlungsschritt: Direkt auf Deponie	Mech.- biolog. Restmüllbeh.	Thermische Behandlung	Problemstoffbehandlung	Altstoffverwertung	Verwertung biog. Abfälle	Gesamt auf Deponie
	t	63.089	4.313	341	6.528	4.288	67					78.626	35.400	32.000		340	10.900		61.000
Bgl	kg/Ew.a	233	15,9	1,3	24,1	15,8	0,2	k.A.	k.A.	k.A.	k.A.	290	130,6	118,1	0	1,3	40,2	k.A.	225,1
	Masse-%	80,2	5,5	0,4	8,3	5,5	0,1	.	.	.	.	100	45,0	40,7	.	0,4	13,9	.	77,6
	t	126.000	15.000	803	12.250	9.750		1.346				165.149	141.000			800	23.300		143.000
Ktn	kg/Ew.a	230	27,3	1,5	22,3	17,8	k.A.	2,5	k.A.	k.A.	k.A.	301	257,0	0	0	1,5	42,5	k.A.	260,6
	Masse-%	76,3	9,1	0,5	7,4	5,9	.	0,8	.	.	.	100	85,4	.	.	0,5	14,1	.	86,6
	t	281.735	59.494	4.446	37.786	21.277	17.528	2.002		2.723		426.991	301.800	39.500		4.450	81.300		340.000
Nö	kg/Ew.a	191	40,3	3,0	25,6	14,4	11,9	1,4	k.A.	1,8	k.A.	289	204,3	26,7	0	3,0	55,0	k.A.	230,2
	Masse-%	66,0	13,9	1,0	8,8	5,0	4,1	0,5	.	0,6	.	100	70,7	9,3	.	1,0	19,0	.	79,6
	t	209.707	33.685	2.093	38.751	20.923	16.907	2.388	1.797		2.032	328.283	189.500	53.900		2.100	80.800	2.000	238.000
Oö	kg/Ew.a	157	25,2	1,6	29,0	15,7	12,6	1,8	1,3	k.A.	1,5	246	141,8	40,3	0	1,6	60,5	1,5	178,1
	Masse-%	63,9	10,3	0,6	11,8	6,4	5,2	0,7	0,5	.	0,6	100	57,7	16,4	.	0,6	24,6	0,6	72,5
	t	116.100	21.900	664	25.600	10.891	3.250	726	497			179.628	31.600	106.400		660	41.000		116.000
Sbg	kg/Ew.a	240	45,2	1,4	52,9	22,5	6,7	1,5	1,0	k.A.	k.A.	371	65,3	219,8	0	1,4	84,7	k.A.	239,7
	Masse-%	64,6	12,2	0,4	14,3	6,1	1,8	0,4	0,3	.	.	100	17,6	59,2	.	0,4	22,8	.	64,6
	t	216.490	13.296	2.424	40.177	25.034	12.603	814	1.295	3.811	9.759	325.703	204.700	25.100		2.420	83.700	9.800	232.000
Stmk	kg/Ew.a	182	11,2	2,0	33,9	21,1	10,6	0,7	1,1	3,2	8,2	274	172,5	21,2	0	2,0	70,5	8,3	195,5
	Masse-%	66,5	4,1	0,7	12,3	7,7	3,9	0,2	0,4	1,2	3,0	100	62,8	7,7	.	0,7	25,7	3,0	71,2
	t	155.000	15.500	1.196	21.000	17.217	10.500	1.800				222.213	155.600	14.900		1.200	50.500		172.000
Tirol	kg/Ew.a	245	24,5	1,9	33,2	27,2	16,6	2,8	k.A.	k.A.	k.A.	352	246,2	23,6	0	1,9	79,9	k.A.	272,1
	Masse-%	69,8	7,0	0,5	9,5	7,7	4,7	0,8	.	.	.	100	70,0	6,7	.	0,5	22,7	.	77,4
	t	41.713	7.345	511	16.333	8.552	1.478	1.208			5.030	82.170	49.100	0		510	27.600	5.000	52.000
Vbg	kg/Ew.a	126	22,1	1,5	49,2	25,8	4,5	3,6	k.A.	k.A.	15,1	247	147,8	0,0	0	1,5	83,1	15,1	156,6
	Masse-%	50,8	8,9	0,6	19,9	10,4	1,8	1,5	.	.	6,1	100	59,8	0,0	.	0,6	33,6	6,1	63,3
	t	468.806	15.691	1.670	74.890	25.587	8.911	445	625	1.386	19.477	617.488	143.400		341.100	1.670	111.800	19.500	242.000
Wien	kg/Ew.a	303	10,2	1,1	48,5	16,6	5,8	0,3	0,4	0,9	12,6	400	92,8	0	220,8	1,1	72,4	12,6	156,7
	Masse-%	75,9	2,5	0,3	12,1	4,1	1,4	0,1	0,1	0,2	3,2	100	23,2	.	55,2	0,3	18,1	3,2	39,2
	t	1.679.000	186.000	14.000	273.000	144.000	71.000	11.000	4.000	8.000	36.000	2.426.000	1.252.000	272.000	341.000	14.000	511.000	36.000	1.596.000
Österr.	kg/Ew.a	215	23,8	1,8	34,9	18,4	9,1	1,4	0,5	1,0	4,6	311	160,2	34,8	43,6	1,8	65,4	4,6	204,3
	Masse-%	69,2	7,7	0,6	11,3	5,9	2,9	0,5	0,2	0,3	1,5	100	51,6	11,2	14,1	0,6	21,1	1,5	65,8

Umweltbundesamt

Juni 1998

Abfälle aus Haushalten und ähnlichen Einrichtungen 1990

Land		Restmüll & Sperrmüll	Problem-stoffe	Altstoffe						Biogene Abfälle	Gesamt	Verwertung und Behandlung - erster Behandlungsschritt						Gesamt auf Deponie
				Papier	Glas	Metalle	Textilien	Kunst-stoffe	Sonstige Altstoffe			Direkt auf Deponie	Mech.- biolog. Restmüllbeh.	Thermische Behandlung	Problemstoff-behandlung	Altstoff-verwertung	Verwertung biog. Abfälle	
Bgl	t	68.299	263	6.392	5.067		662	60			80.743	25.400	42.899		263	12.181		41.000
	kg/Ew.a	253	1,0	23,7	18,8	k.A.	2,5	0,2	k.A.	k.A.	299	94,2	159,1	0	1,0	45,2	k.A.	152,1
	Masse-%	84,6	0,3	7,9	6,3		0,8	0,1			100	31,5	53,1		0,3	15,1		50,8
Ktn	t	187.000	621	8.186	8.456		1.308				205.571	187.000			621	17.950		187.000
	kg/Ew.a	343	1,1	15,0	15,5	k.A.	2,4	k.A.	k.A.	k.A.	377	342,9	0	0	1,1	32,9	k.A.	342,9
	Masse-%	91,0	0,3	4,0	4,1		0,6				100	91,0			0,3	8,7		91,0
Nö	t	376.134	3.007	25.018	13.352	5.127	966		339	11.672	435.615	340.223	35.911		3.007	44.802	11.672	361.000
	kg/Ew.a	257	2,1	17,1	9,1	3,5	0,7	k.A.	0,2	8,0	298	232,5	24,5	0	2,1	30,6	8,0	246,6
	Masse-%	86,3	0,7	5,7	3,1	1,2	0,2		0,1	2,7	100	78,1	8,2		0,7	10,3	2,7	82,9
Oö	t	270.000	1.762	27.013	18.384	14.152	1.788	805		330	334.234	181.934	76.539	11.527	1.762	62.142	330	228.000
	kg/Ew.a	205	1,3	20,5	14,0	10,7	1,4	0,6	k.A.	0,3	254	138,1	58,1	8,8	1,3	47,2	0,3	173,1
	Masse-%	80,8	0,5	8,1	5,5	4,2	0,5	0,2		0,1	100	54,4	22,9	3,4	0,5	18,6	0,1	68,2
Sbg	t	140.285	587	17.505	9.264	21	706				168.368	29.000	111.300		587	27.496		101.000
	kg/Ew.a	295	1,2	36,8	19,5	0,0	1,5	k.A.	k.A.	k.A.	354	60,9	233,7	0	1,2	57,7	k.A.	212,1
	Masse-%	83,3	0,3	10,4	5,5	0,0	0,4				100	17,2	66,1		0,3	16,3		60,0
Stmk	t	247.017	1.564	32.601	21.370	6.111	1.658	926		1.163	312.410	203.925	43.092		1.564	62.666	1.163	215.000
	kg/Ew.a	209	1,3	27,6	18,1	5,2	1,4	0,8	k.A.	1,0	264	172,6	36,5	0	1,3	53,0	1,0	182,0
	Masse-%	79,1	0,5	10,4	6,8	2,0	0,5	0,3		0,4	100	65,3	13,8		0,5	20,1	0,4	68,8
Tirol	t	170.000	1.000	14.440	13.400	13.000	2.513	30		1.050	215.433	100.137	69.863		1.000	43.383	1.050	161.000
	kg/Ew.a	272	1,6	23,1	21,5	20,8	4,0	0,0	k.A.	1,7	345	160,4	111,9	0	1,6	69,5	1,7	257,8
	Masse-%	78,9	0,5	6,7	6,2	6,0	1,2	0,0		0,5	100	46,5	32,4		0,5	20,1	0,5	74,7
Vbg	t	53.316	450	13.444	7.697	1.080	1.038			4.646	81.671	53.316			450	23.259	4.646	53.000
	kg/Ew.a	163	1,4	41,1	23,5	3,3	3,2	k.A.	k.A.	14,2	250	162,9	0	0	1,4	71,1	14,2	162,0
	Masse-%	65,3	0,6	16,5	9,4	1,3	1,3			5,7	100	65,3			0,6	28,5	5,7	64,9
Wien	t	547.927	1.438	63.965	24.958	13.187	753	202	1.880	15.865	670.175	247.295		300.632	1.438	104.945	15.865	330.000
	kg/Ew.a	360	0,9	42,0	16,4	8,7	0,5	0,1	1,2	10,4	440	162,3	0	197,3	0,9	68,9	10,4	216,5
	Masse-%	81,8	0,2	9,5	3,7	2,0	0,1	0,0	0,3	2,4	100	36,9		44,9	0,2	15,7	2,4	49,2
Österr.	t	2.060.000	11.000	209.000	122.000	53.000	11.000	2.000	2.000	35.000	2.504.000	1.368.000	380.000	312.000	11.000	399.000	35.000	1.677.000
	kg/Ew.a	267	1,4	27,0	15,8	6,9	1,4	0,3	0,3	4,5	324	177,0	49,2	40,4	1,4	51,6	4,5	217,0
	Masse-%	82,3	0,4	8,3	4,9	2,1	0,4	0,1	0,1	1,4	100	54,6	15,2	12,5	0,4	15,9	1,4	67,0

Abfälle aus Haushalten und ähnlichen Einrichtungen 1989

Land		Restmüll- & Sperrmüll	Problem-stoffe	Altstoffe: Papier	Altstoffe: Glas	Altstoffe: Metalle	Altstoffe: Textilien	Altstoffe: Kunst-stoffe	Altstoffe: Sonstige Altstoffe	Biogene Abfälle	Gesamt	Verwertung und Behandlung - erster Behandlungsschritt: Direkt auf Deponie	Mech.-biolog. Restmüllbeh.	Thermische Behandlung	Problemstoff-behandlung	Altstoff-verwertung	Verwertung biog. Abfälle	Gesamt auf Deponie
	t	81.000	204	4.000	4.300		750				90.254	20.000	61.000		204	9.050		43.000
Bgl	kg/Ew.a	301	0,8	14,9	16,0	k.A.	2,8	k.A.	k.A.	k.A.	336	74,4	226,9	0	0,8	33,7	k.A.	159,9
	Masse-%	89,7	0,2	4,4	4,8		0,8				100	22,2	67,6		0,2	10,0		47,6
	t	187.000	537	6.468	6.578		1.172				201.755	187.000			537	14.218		187.000
Ktn	kg/Ew.a	344	1,0	11,9	12,1	k.A.	2,2	k.A.	k.A.	k.A.	371	344,3	0	0	2,0	26,2	k.A.	344,3
	Masse-%	92,7	0,3	3,2	3,3		0,6				100	92,7			0,3	7,0		92,7
	t	376.134	3.007	25.018	13.352	5.127	966		339	11.672	435.615	341.401	34.733		3.007	44.802	11.672	361.000
Nö	kg/Ew.a	259	2,1	17,2	9,2	3,5	0,7	k.A.	0,2	8,0	300	235,4	23,9	0		30,9	8,0	248,9
	Masse-%	86,3	0,7	5,7	3,1	1,2	0,2		0,1	2,7	100	78,4	8,0		0,7	10,3	2,7	82,9
	t	263.000	993	24.426	17.532	208	1.781	280			308.220	172.345	72.968	17.687	993	44.227		219.000
Oö	kg/Ew.a	202	0,8	18,8	13,5	0,2	1,4	0,2	k.A.	k.A.	237	132,3	56,0	13,6	3,7	34,0	k.A.	168,2
	Masse-%	85,3	0,3	7,9	5,7	0,1	0,6	0,1			100	55,9	23,7	5,7	0,3	14,3		71,1
	t	141.683	521	14.224	7.962	10	768				165.168	25.000	116.700		521	22.964		101.000
Sbg	kg/Ew.a	303	1,1	30,4	17,0	0,0	1,6	k.A.	k.A.	k.A.	353	53,4	249,3	0	1,9	49,1	k.A.	215,8
	Masse-%	85,8	0,3	8,6	4,8	0,0	0,5				100	15,1	70,7		0,3	13,9		61,1
	t	266.204	1.429	26.320	16.564	6.886		561		424	318.388	211.721	54.483		1.429	50.331	424	225.000
Stmk	kg/Ew.a	226	1,2	22,3	14,0	5,8	k.A.	0,5	k.A.	0,4	270	179,5	46,2	0	5,3	42,7	0,4	190,8
	Masse-%	83,6	0,4	8,3	5,2	2,2		0,2		0,1	100	66,5	17,1		0,4	15,8	0,1	70,7
	t	190.000	433	11.000	10.456		4.000				215.889	120.580	69.420		433	25.456		180.000
Tirol	kg/Ew.a	307	0,7	17,8	16,9	k.A.	6,5	k.A.	k.A.	k.A.	349	195,1	112,3	0	1,6	41,2	k.A.	291,3
	Masse-%	88,0	0,2	5,1	4,8		1,9				100	55,9	32,2		0,2	11,8		83,4
	t	47.773	285	11.779	6.951	601	987			1.533	69.909	47.773			285	20.318	1.533	48.000
Vbg	kg/Ew.a	149	0,9	36,7	21,7	1,9	3,1	k.A.	k.A.	4,8	218	148,9	0	0	1,1	63,3	4,8	149,6
	Masse-%	68,3	0,4	16,8	9,9	0,9	1,4			2,2	100	68,3			0,4	29,1	2,2	68,7
	t	548.220	1.237	53.176	21.939	6.867	168	190	2.388	10.289	644.474	421.384		126.836	1.237	84.728	10.289	467.000
Wien	kg/Ew.a	364	0,8	35,3	14,6	4,6	0,1	0,1	1,6	6,8	427	279,5	0	84,1	4,6	56,2	6,8	309,7
	Masse-%	85,1	0,2	8,3	3,4	1,1	0,0	0,0	0,4	1,6	100	65,4		19,7	0,2	13,1	1,6	72,5
	t	2.101.000	9.000	176.000	106.000	20.000	11.000	1.000	3.000	24.000	2.450.000	1.547.000	409.000	145.000	9.000	316.000	24.000	1.831.000
Österr.	kg/Ew.a	274	1,2	23,0	13,8	2,6	1,4	0,1	0,4	3,1	320	202,0	53,4	18,9	33,5	41,3	3,1	239,1
	Masse-%	85,8	0,4	7,2	4,3	0,8	0,4	0,0	0,1	1,0	100	63,1	16,7	5,9	0,4	12,9	1,0	74,7

Umweltbundesamt

Juni 1998

Abfälle aus Haushalten und ähnlichen Einrichtungen 1989 - 1996
Massenangaben in Tonnen, z.T. gerundet

	Rest-müll	Sperr-müll	Problem-stoffe	Papier	Glas	Metalle	Textil	Kunststoffe/ Leichtfraktion	Sonstige Altstoffe	Biogene Abfälle	Gesamt
1989	2.101.000		8.600	176.400	105.600	19.700	10.600	1.000	2.700	23.900	2.450.000
1990	2.060.000		10.700	208.600	121.900	52.700	11.400	2.000	2.200	34.700	2.504.000
1991	1.678.600	186.200	14.100	273.300	143.500	71.200	10.700	4.200	7.900	36.300	2.426.000
1992	1.590.900	192.900	16.200	307.600	158.900	90.000	12.800	6.500	4.800	96.400	2.477.000
1993	1.488.000	182.000	16.500	348.900	168.900	87.400	12.200	9.300	13.400	182.500	2.509.000
1994	1.281.400	199.400	18.700	392.800	187.400	110.300	17.600	62.400	15.000	283.700	2.569.000
1995	1.244.000	212.400	22.300	405.800	184.600	111.700	17.200	83.700	16.000	346.300	2.644.000
1996	1.291.400	220.900	23.600	438.900	182.700	126.200	18.300	89.600	23.200	360.200	2.775.000

	Rest- und Sperrmüll	Problem-stoffe	Altstoffe	Biotonne	Gesamt
1989	2.101.000	8.600	316.000	23.900	2.450.000
1990	2.060.000	10.700	398.800	34.700	2.504.000
1991	1.864.800	14.100	510.800	36.300	2.426.000
1992	1.783.800	16.200	580.600	96.400	2.477.000
1993	1.670.000	16.500	640.100	182.500	2.509.000
1994	1.480.800	18.700	785.500	283.700	2.569.000
1995	1.456.400	22.300	819.000	346.300	2.644.000
1996	1.512.300	23.600	878.900	360.200	2.775.000

	Rest- und Sperrmüll	Getrennte Sammlung	Gesamt (100 %)
1989	2.101.000 (86 %)	349.000 (14 %)	2.450.000
1990	2.060.000 (82 %)	444.000 (18 %)	2.504.000
1991	1.865.000 (77 %)	561.000 (23 %)	2.426.000
1992	1.784.000 (72 %)	693.000 (28 %)	2.477.000
1993	1.670.000 (67 %)	839.000 (33 %)	2.509.000
1994	1.481.000 (58 %)	1.088.000 (42 %)	2.569.000
1995	1.456.000 (55 %)	1.188.000 (45 %)	2.644.000
1996	1.512.000 (54%)	1.263.000 (46 %)	2.775.000

Umweltbundesamt - Juni 1998

Verwertung und Behandlung von Abfällen aus Haushalten und ähnlichen Einrichtungen 1989 - 1996, in Tonnen

	Direkt auf Deponie	Mech.-biolog. Restmüllbeh.	Thermische Behandlung	Problemstoff-behandlung	Altstoff-verwertung	Verwertung biog. Abfälle	Gesamt-aufkommen	Gesamt auf Deponie
1989	1.547.000	409.000	145.000	9.000	316.000	24.000	2.450.000	1.831.000
1990	1.368.000	380.000	312.000	11.000	399.000	35.000	2.504.000	1.677.000
1991	1.252.000	272.000	341.000	14.000	511.000	36.000	2.426.000	1.596.000
1992	1.149.000	236.000	399.000	16.000	581.000	96.000	2.477.000	1.495.000
1993	992.000	268.000	410.000	17.000	640.000	183.000	2.509.000	1.372.000
1994	876.000	201.000	404.000	19.000	785.000	284.000	2.569.000	1.230.000
1995	834.000	191.000	431.000	22.000	819.000	346.000	2.644.000	1.194.000
1996	887.000	194.000	431.000	24.000	879.000	360.000	2.775.000	1.261.000

Umweltbundesamt

Juni 1998

3 SONSTIGE SIEDLUNGSABFÄLLE

Das folgende Kapitel gibt einen Überblick über Aufkommen und Behandlung sonstiger Siedlungsabfälle wie kommunaler Klärschlamm, Straßenkehricht, Garten- und Parkabfälle, Friedhofsabfälle und Straßenbegleitgrün.

3.1 Kommunaler Klärschlamm

Klärschlamm aus kommunalen Kläranlagen besteht aus einem Gemisch von in kommunalen Kläranlagen aus dem Abwasser entnommenen festen Inhaltsstoffen (Primärschlamm) und dem bei der mikrobiellen Abwasserreinigung entstandenen Bakterienschlamm (Überschußschlamm).

Das gesamte Aufkommen betrug 1995 rd. 186.000 t Trockensubstanz bzw. rd. 560.000 t kommunaler Klärschlamm (rd. 30 % TS).

1995 wurden folgende Verwertungs- und Entsorgungswege beschritten:

- rd. 22 % wurden in der Landwirtschaft verwertet;
- rd. 34 % thermisch behandelt;
- rd. 31 % nach der Entwässerung deponiert;
- rd. 13 % einer sonstigen Behandlung/Verwertung zugeführt.

Die Situation des kommunalen Klärschlammaufkommens sowie dessen Verwertung und Entsorgung stellt sich regional unterschiedlich dar. Die in der Landwirtschaft verwerteten Klärschlämme sind in Kärnten, Tirol und der Steiermark relativ gering, während in Burgenland und Vorarlberg dieser Verwertungsweg eine große Rolle spielt. Der hohe Anteil des verbrannten Schlammes geht auf die Kläranlage der Stadt Wien (EbS) zurück, die den anfallenden Klärschlamm zur Gänze verbrennt. In Kärnten sowie in Niederösterreich wird kommunaler Klärschlamm teilweise in der Industrie mitverbrannt. Die Deponierung von entwässertem Schlamm stellt jedoch nach wie vor in vielen Bundesländern einen wesentlichen Entsorgungspfad dar.

Tabelle 37: Kommunaler Klärschlamm 1995 - Aufkommen, Verwertung und Entsorgung

Bundesland	**Aufkommen in t TS**	**Verwertung bzw. - entsorgung in % des Aufkommens**			
		Landwirtschaft	**Verbrennung**	**Deponie**	**Sonstiges**
Burgenland	8.000	75	0	4	21
Kärnten	6.500	14	23	41	22
Niederösterreich	20.000	30	2	35	33
Oberösterreich	27.100	39	0	52	9
Salzburg	9.400	44	0	52	4
Steiermark	27.500	15	0	70	15
Tirol	16.300	15	0	50	35
Vorarlberg	9.900	74	0	14	12
Wien	61.300	0	100	0	0
Gesamt	**186.000**	**22**	**34**	**31**	**13**

Wasserwirtschaftliche Überlegungen gehen vom Grundsatz der biologischen Abwasserreinigung mit weitgehender Stickstoff- und Phosphatentfernung aus. Die Wasserrechtsgesetz-Novelle 1990 samt zugehörigen Durchführungsverordnungen sowie der steigende Anschlußgrad an Abwasserreinigungsanlagen werden dazu führen, daß die Klärschlammassen ansteigen. Eine quantitative Vermeidung von Klärschlamm wird daher auch in Zukunft nicht möglich sein.

Die Qualität der Klärschlämme hängt in erster Linie direkt von jener des Abwassers ab. Schadstoffe werden an der Quelle sowohl durch Einleitungsbestimmungen für Abwässer als auch durch abfallwirtschaftliche Maßnahmen zur qualitativen Abfallvermeidung begrenzt. Unabhängig davon, welcher Verwertungs- oder Entsorgungsweg beschritten wird, müssen die Schadstofffrachten an der Quelle minimiert werden.

Die Prognose des Klärschlammaufkommens für das Jahr 2000 geht von rd. 260.000 t TS bzw. rd. 900.000 t (30 % TS) aus. Für die Angabe der zukünftigen Entsorgungskapazitäten ist die Abschätzung einer realistischen Verwertungsquote in der Landwirtschaft notwendig, die sich an entsprechenden Qualitätsstandards zu orientieren hat.

3.2 Straßenkehricht

Als Straßenkehricht bezeichnet man die bei der Straßenreinigung anfallenden Abfälle inklusive der Inhalte öffentlicher Papierkörbe.

Diese Abfälle setzen sich zusammen aus Streusplitt, Staub, Erdmaterial, Laub, Abrieb der Fahrbahn, der Reifen und der Bremsbeläge, Rückständen durch KFZ-Tropfverluste, durch Niederschläge, durch Salze und Auftaumittel sowie Abfällen von Straßenbegrenzungen, Parkanlagen und öffentlichen Plätzen.

Das Aufkommen von Abfällen aus der Straßenreinigung in einer Größenordnung von rd. 200.000 t ist stark witterungsabhängig und variiert von Jahr zu Jahr.

Ein kleiner Teil der mittels Kehrmaschinen erfaßten Mengen wird entweder als Streusplitt wiederverwendet oder im Wegebau oder zu Anfüllungen bzw. Aufschüttungen wiedereingesetzt. Der größere Teil der bei der Straßenreinigung anfallenden Abfälle wird jedoch deponiert. Inhalte öffentlicher Papierkörbe gehen - sofern sie getrennt von den reinen Straßenabfällen erfaßt werden - den ortsüblichen Behandlungsweg des Restmülls.

Da das bundesweite Straßennetz nahezu ausgebaut ist, kann in Zukunft mit einem etwa gleichbleibenden Aufkommen an Straßenkehricht gerechnet werden.

3.3 Kommunale Grünabfälle

Biogene Garten- und Parkabfälle sind pflanzliche Rückstände aus dem privaten und kommunalen Bereich, deren Sammlung über die Biotonne weitestgehend nicht möglich ist. Sie entstammen aus Hausgärten, aus Schrebergärten sowie den kommunalen Grünanlagen der Gemeinden.

Biogene Friedhofsabfälle bestehen aus getrennt erfaßten kompostierbaren Abfällen aus dem Friedhofsbereich.

Unter Straßenbegleitgrün werden alle Grünabfälle verstanden, die aus der Pflege von Straßenrändern stammen.

Kommunale Grünabfälle bestehen aus Laub, Gras-, Strauch- und Baumschnitt, Kränzen, Blumengebinden u.a.

Das Aufkommen der einzelnen Fraktionen stellt sich 1996 wie folgt dar:

Tabelle 38: Garten- und Parkabfälle 1996

	in t
Gesamtes Aufkommen	620.000
Nicht getrennt erfaßbar	60.000
Sammelpotential	560.000
Getrennte Verwertung in Anlagen	305.000
Zusätzlich eigenkompostiert	255.000

Tabelle 39: Friedhofsabfälle 1996

	in t
Gesamtes Aufkommen	200.000
Nicht getrennt erfaßbar	20.000
Sammelpotential	180.000
Getrennte Verwertung in Anlagen	110.000
Zusätzlich eigenkompostiert	40.000
Nicht verwertbar auf Grund zu hoher Verschmutzungen	30.000

Tabelle 40: Straßenbegleitgrün 1996

	in t
Gesamtes Aufkommen	300.000
Nicht getrennt erfaßbar	30.000
Sammelpotential	270.000
Getrennte Verwertung in Anlagen	100.000
Zusätzlich eigenkompostiert	30.000
Andere Entsorgungswege ohne stoffliche Verwertung	140.000

Die Sammlung von Gartenabfällen erfolgt in zentralen Siedlungsbereichen im Bringsystem zu Altstoffsammelzentren, Mistplätzen und Recyclinghöfen, oder die Grünabfälle werden, wie beispielsweise in der Stadt Salzburg, auf Wunsch der Gartenbesitzer vom Magistrat der Stadt vom jeweiligen Grundstück im Holsystem gesammelt. In anderen Fällen (Niederösterreich, Wien) werden die Grünabfälle je nach Saison und Bedarf mittels eines mobilen Häckslers zerkleinert und zu einem Kompostplatz oder zu einer Kompostierungsanlage gebracht. Gartenabfälle werden vielfach auch als „Kofferraumtransporte" von der Bevölkerung direkt an Kompostierungsanlagen geliefert.

Die Erfassung von Parkabfällen bzw. von Grünabfällen öffentlicher Anlagen erfolgt zumeist über die Sammellogistik der Gemeinden.

Friedhofsabfälle werden auf dem Gelände des Friedhofs entweder über Containerstandplätze mit getrennten Behältern für biogene Abfälle und für nicht verwertbaren (Friedhofs-)Restmüll oder auf gesondert ausgewiesenen Abwurfplätzen für biogene Abfälle erfaßt.

Straßenbegleitgrün gelangt über die Sammellogistik der Gemeinden oder der Straßenverwaltungen zum Ort der Verwertung.

Die Verwertung von Garten- und Parkabfällen ist in viel höherem Maße dezentral organisiert als die der Bioabfälle aus Haushalten. Der überwiegende Teil wird in landwirtschaftlichen Anlagen kompostiert. Überdies liegt für Garten- und Parkabfälle der Eigenkompostierungsanteil traditionellerweise sehr hoch. Auch viele Stadtgartenämter kompostieren die in ihrem Bereich anfallenden Grünabfälle selbst und verwenden den produzierten Kompost auf eigenen Flächen. Zum Teil werden Baum- und Strauchschnittmaterialien für Hackschnitzelheizungsanlagen verwendet. Der nicht erfaßbare Anteil, der ohne stoffliche Verwertung verrottet, kann daher ähnlich gering wie beim nicht erfaßbaren Biomüll angesetzt werden.

Im Bereich der Friedhofsabfälle wird derzeit schon ein relativ hoher Anteil getrennt gesammelt und verwertet. Problematisch bei der Kompostierung sind jedoch Verunreinigungen durch Grablichter, Bindedraht, Wachskerzen und andere nicht kompostierbare Störstoffe. Oft werden auch bei der Herstellung der Blumengebinde Kunststoffunterlagen bzw. Kunststoffschnüre verwendet, so daß Friedhofsabfälle vor der Kompostierung relativ mühsam und zeitaufwendig sortiert und getrennt werden müssen. Hier ist in Zukunft noch intensive Öffentlichkeitsarbeit bei der Bevölkerung und den Erzeugern von Grabschmuck notwendig, um eine tatsächlich verwertbare biogene Fraktion zu erhalten.

Die Verwertung von getrennt erfaßtem Straßenbegleitgrün erfolgt in reinen Grünabfallkompostierungsanlagen, als Strukturmaterial in Anlagen zur Verwertung biogener Abfälle aus anderen Sammlungen oder über Eigenkompostierung im eigenen Bereich von Straßenverwaltungen. Jener Anteil dieser Fraktion, der nicht in die stoffliche Verwertung gelangt, wird meist am Anfallsort liegen gelassen (z.B. Mähgut) und verrottet dort ungeordnet.

Auf Grund der derzeitigen Entwicklung ist abzuschätzen, daß heute ein Großteil der Grünabfälle verwertet wird. Signifikante Änderungen des Aufkommens bzw. der Behandlung sind nicht zu erwarten.

4 WEITERE NICHT GEFÄHRLICHE ABFÄLLE

4.1 Bodenaushub, Baurestmassen und Baustellenabfälle

In Österreich fallen jährlich rd. 26,4 Mio t Bodenaushub, Baurestmassen und Baustellenabfälle an; das sind rd. 57 % des Gesamtabfallaufkommens von rd. 46,5 Mio t pro Jahr.

Die massenmäßig bedeutendste Abfallart stellt Bodenaushub mit einem Massenpotential von rd. 20 Mio t dar. Ob diese Massen in ihrer Gesamtheit Abfälle im Sinne des AWG sind, kann nicht mit Bestimmtheit angegeben werden. Bodenaushub wird großteils in zulässiger Form als Anschüttmaterial wiederverwendet, geringe Anteile werden auf Deponien abgelagert. In der Massenangabe nicht enthalten sind Verfüllungen und Schüttungen, die am Ort des Anfalls durchgeführt werden.

Das Massenpotential für Baurestmassen und Baustellenabfälle ohne den bereits beschriebenen Bodenaushub kann für Österreich mit rd. 6,4 Mio t beziffert werden. Eine vom Österreichischen Baustoff-Recycling-Verband durchgeführte Erhebung zeigt Übereinstimmung mit dem o. a. Massenpotential. Ebenfalls wurde ein jährlich ansteigender Verwertungsanteil festgestellt, sodaß für 1997 mit aufbereiteten Baurestmassen von rd. 3,7 Mio t zu rechnen ist. Im Vergleich zum Jahr 1994 bedeutet dies einen Anstieg von über 1 Mio t oder beinahe 60 %.

Tabelle 41: Massenpotentiale 1998 für Bodenaushub, Baurestmassen und Baustellenabfälle

SN	Abfallbezeichnung der ÖNORM S 2100 (1990)	in t
31409	Bauschutt (keine Baustellenabfälle)	3.600.000
31410	Straßenaufbruch	1.700.000
31411	Bodenaushub	20.000.000
31412	Asbestzement	3.000
31413	Asbestzementstäube	in SN 31412
31427	Betonabbruch	in SN 31410
91206	Baustellenabfälle (kein Bauschutt)	1.100.000
	Summe	**26.403.000**

Bundesweit stehen rd. 160 Anlagen zur Aufbereitung von Baurestmassen zur Verfügung. Dies sind vor allem Anlagen für Asphalt- und Betonaufbruchmaterialien und mineralischen Bauschutt. Die installierten Kapazitäten betragen über 5 Mio t/a. Nach Angaben des Österreichischen Baustoff-Recycling-Verbandes wurden 1995 rd. 2,6 Mio t und 1997 rd. 2,7 Mio t Baurestmassen aufbereitet.

Weiters werden rd. 400 Baurestmassen- und Bodenaushubdeponien betrieben, die über rd. 18 Mio m^3 freies Deponievolumen und über zusätzliche rd. 16 Mio m^3 genehmigte Verfüllvolumina verfügen.

Aus der Sicht des vorbeugenden Umweltschutzes ist zur Sicherstellung der Verwertung und Entsorgung von Baurestmassen folgender Handlungsbedarf gegeben:

- Rasche Einführung eines Meldesystems für nicht gefährliche Abfälle.
- Berücksichtigung abfallvermeidender Maßnahmen bereits bei der Planung von Bau- und Abbruchvorhaben.
- Verlängerung der Nutzungsdauer von Bauwerken und Bauteilen durch Renovierung bzw. Wiederverwertung.
- Verlängerung der Haltbarkeit von Straßenbelägen und Straßenbauweisen sowie von Betonbauteilen.
- Überprüfung der Möglichkeiten des Ersatzes von Asbest im Hinblick auf ein vollständiges Asbestverbot.
- Einschränkung der Anwendung besonders toxischer und biologisch resistenter Stoffe.
- Überprüfung der Toxizität und Abbaubarkeit von Bauhilfsstoffen bereits bei der Zulassung.
- Verminderung des Einsatzes von chemischen Brandschutzmitteln und Fungiziden.
- Verwertung von sortenreinen Materialien als Sekundärbaustoffe bzw. als Füllmaterial.
- Festlegung von Qualitätskriterien für Recyclingbaustoffe und Untersuchung weiterer Einsatzmöglichkeiten.
- Thermische Behandlung bzw. energetische Nutzung heizwertreicher Fraktionen der Baustellenabfälle in geeigneten Verbrennungsanlagen.

4.2 Abfälle mineralischen Ursprungs (ohne Bodenaushub, Baurestmassen, Baustellenabfälle und Altglas)

Das Massenpotential für nicht gefährliche Abfälle mineralischen Ursprungs kann mit rd. 4 Mio t/a angegeben werden, wovon rd. 73 % verwertet und rd. 27 % einer sonstigen Behandlung zugeführt werden. Diese Abfälle stammen hauptsächlich aus Gießereien, der Nahrungs- und Genußmittelindustrie, der Eisen- und Stahlindustrie sowie aus Feuerungsanlagen für konventionelle Brennstoffe.

Tabelle 42: Massenpotentiale 1998 für Abfälle mineralischen Ursprungs

SN	Abfallbezeichnung der ÖNORM SN 100 (1990)	in t
311	Ofenausbrüche, Hütten- und Gießereischutt	37.590
312	Metallurgische Schlacken, Krätzen, Stäube	2.193.403
313	Aschen, Schlacken und Stäube aus der thermischen Abfallbehandlung und aus Feuerungsanlagen	638.000
314	Sonstige feste mineralische Abfälle	566.113
316	Mineralische Schlämme	554.245
	Summe	**3.989.351**

Aus Gießereien stammen rd. 102.000 t/a mineralische Abfälle. Diese werden entsprechend den Angaben im Branchenkonzept Gießereiindustrie zu rd. 14 % verwertet und zu rd. 86 % deponiert.

Der Nahrungs- und Genußmittelindustrie sind rd. 384.000 t/a Rückstände (Rübenerde, Carbonatationsschlamm) zuzuordnen, die zu 100 % als Dünger genutzt werden (Branchenkonzept Nahrungs- und Genußmittelindustrie).

Eine im Auftrag des Umweltbundesamtes erstellte Studie geht für 1995 von Gesamtrückständen in der Eisen- und Stahlindustrie von rd. 2,7 Mio t aus; davon sind rd. 2,4 Mio t Schlacken, Stäube, Schlämme sowie Koksrückstände den mineralischen Abfällen zuzuordnen. 86 % der Rückstände werden hüttenintern bzw. extern verwertet, 14 % werden als Abfall beseitigt.

Beim gesamten Aufkommen von Abfällen aus Gießereien, aus der Nahrungs- und Genußmittelindustrie und aus der Eisen- und Stahlindustrie sind keine wesentlichen Veränderungen feststellbar.

Einzelne Abfallarten mit untergeordneter Mengenrelevanz sind jedoch beträchtlichen Schwankungen unterworfen. Es ist anzunehmen, daß diese Schwankungen produktionsbedingt auftreten bzw. durch die Praxis der Abfallzuordnung bedingt sind. Die Wirkungen von Abfallvermeidungsmaßnahmen sind daraus nicht ablesbar.

Betrachtet man die Verbrennungsrückstände, so ist bei den Flugaschen und -stäuben ein Massenanstieg zu verzeichnen, Rauchgasreinigungsrückstände zeigen rückläufige Tendenzen.

Der Handlungsbedarf zur Vermeidung von Abfällen aus Gießereien, aus der Nahrungs- und Genußmittelindustrie und aus der Eisen- und Stahlindustrie erscheint nur gering, da die vorhandenen Potentiale genutzt werden und meist schon an ihre technischen Grenzen stoßen.

Die quantitative Vermeidung von Verbrennungsrückständen ist nicht steuerbar, ein Ausstieg aus der Abfallverbrennung steht in Österreich nicht zur Diskussion. Qualitativ ist die Vermeidung dieser Abfälle durch deren Entfrachtung von Schadstoffen voranzutreiben.

Den größten Teil der verwertbaren Abfälle aus Gießereien bilden die Form- und Kernsande. Da Einbaumaßnahmen dieser Sande in der Bauindustrie wegen der Gefahr der unkontrollierten Schadstoffausbringung in die Umwelt nicht unumstritten sind, sind möglichst effektive Regenerationsverfahren (intern und extern) und damit die Rückführung in die Gießereiindustrie zu fordern.

Die hohen Verwertungsgrade für Abfälle aus der Nahrungs- und Genußmittelindustrie lassen keinen Handlungsbedarf erkennen.

Die Verwertung der nicht schadstoffbelasteten Verbrennungsrückstände erfolgt großteils in der Bauindustrie als Abdicht- und Füllmaterial bzw. als Betonadditiv und Zumahlstoff in der Zementindustrie.

Um höhere Verwertungsquoten zu erreichen und diesem Prozeß entstammende Produkte auch am Markt unterbringen zu können, sind vermehrt und konsequent schadstoffarme und schadstoffangereicherte Fraktionen im Hinblick auf ihr Verwertungspotential getrennt zu erfassen.

4.3 Holzabfälle (ohne Holzverpackungen)

Holz kommt in vielen Wirtschaftsbereichen zum Einsatz, demzufolge gibt es auch eine Vielzahl an Anfallstellen für Holzabfälle und Holzreststoffe. Altholz umfaßt gebrauchte Paletten, Kisten, Eisenbahnschwellen, Bau- und Abbruchholz, Möbel u. a., die für den ursprünglichen Verwendungszweck nicht mehr verwendbar sind. Bei Altholz ist zwischen naturbelassenen und behandelten bzw. imprägnierten Altholzsortimenten zu unterscheiden. Restholz fällt in Sägewerken (Rinde, Vollholz, Sägespäne) und weiterverarbeitenden Betrieben (Sägespäne, Hobelspäne, Splitter, stückige Abfälle, Ausschuß, verunreinigte Abfälle) an.

Insgesamt kann das Massenpotential für Holzabfälle ohne Holzverpackungen mit über 3,3 Mio t/a angegeben werden. Darin nicht enthalten ist Altholz, das dem Bereich der Abfälle aus Haushalten zuzurechnen ist.

Tabelle 43: Massenpotentiale 1998 für Holzabfälle ohne Holzverpackungen

SN	Abfallbezeichnung der ÖNORM S 2100 (1990)	in t
17101	Rinde	1.000.000
17102	Schwarten, Spreißel aus sauberem, unbeschichteten Holz	320.000
17103	Sägemehl und Sägespäne aus sauberem, unbeschichteten Holz	1.500.000
17104	Holzschleifstäube und Holzschleifschlämme	40.000
17114	Staub und Schlamm aus Spanplattenherstellung	75.000
17115	Spanplattenabfälle	178.000
17207	Eisenbahnschwellen	20.000
17209	Holz (z. B. Pfähle und Masten), ölimprägniert	9.400
17202	Bau- und Abbruchholz	200.000
	Summe	**3.342.400**

Die aus der holzverarbeitenden Industrie und dem holzverarbeitenden Gewerbe stammenden rd. 874.000 t Restholz werden bereits heute zu 98 % verwertet. Dieser hohe Verwertungsanteil ist mit großer Wahrscheinlichkeit auch bei Rinden, Schwarten, Spreißel, Sägemehl und -spänen gegeben.

Durch die umweltpolitische Zielsetzung, Altholz und Holzreststoffe künftig nicht mehr zu deponieren, ergibt sich die Notwendigkeit, Verwertungsmöglichkeiten für die heute noch auf Deponien abgelagerten Holzabfälle zu schaffen. Dabei kommen sowohl die stoffliche als auch die thermische Verwertung in Betracht. Besondere Bedeutung für die stoffliche Verwertung von Resthölzern aus holzverarbeitenden Betrieben haben die Span- und Faserplattenindustrie sowie die Papier- und Zellstoffindustrie. In geringem Ausmaß wird Restholz zur Herstellung von Holzziegeln und Dämmstoffen eingesetzt. Im Hinblick auf die Zusammensetzung und Beschaffenheit wird für einige Holzabfälle die stoffliche Verwertung jedoch nicht in Frage kommen, sondern eine energetische Nutzung in geeigneten Anlagen erforderlich sein.

Zusammenfassend ist festzustellen, daß die in Österreich anfallenden Massen an Holzabfällen und -reststoffen gut bekannt sind. Die Verwertungsquote dieser Abfälle in Industriebetrieben ist sowohl in stofflicher als auch in thermischer Hinsicht als sehr hoch zu bezeichnen. Nach wie vor unzureichend bekannt sind Art und Massen jener Holzabfälle, die derzeit noch deponiert werden.

Eine Erhöhung des Anteils der stofflichen Verwertung in der Plattenindustrie durch den Einsatz von unbehandeltem Altholz aus dem Haushalts- und Baubereich ist technisch möglich und sollte daher zukünftig verstärkt erfolgen.

Naturbelassenes Altholz aus Kabeltrommeln, Paletten, Kisten u. ä. kann, obwohl das Material bereits eine Verwendung durchlaufen hat, über Sortiervorgänge zurückgewonnen und damit stofflich verwertbar gemacht werden. Naturbelassenes, unbelastetes Restholz soll zukünftig in verstärktem Ausmaß für die Energiegewinnung genutzt werden. Ebenso ist für verunreinigte Holzabfälle eine thermische Behandlung unter Nutzung der Verbrennungswärme der derzeit praktizierten Deponierung vorzuziehen. Dabei ist zu berücksichtigen, daß je nach Qualitätsklasse unterschiedliche Anforderungen an die technologische Ausstattung der Anlagen zu stellen sind.

4.4 Abfälle aus der Wasseraufbereitung, Abwasserbehandlung und Gewässernutzung

Die Masse dieser großteils als Schlämme anfallenden Abfälle wird auf 2,3 Mio t (30 % Trockensubstanz - TS) geschätzt. Dazu zählen neben Klärschlämmen aus Abwasserreinigungsanlagen auch Abfälle aus dem Bereich der Wasseraufbereitung, der Abwasserbehandlung und der Gewässerpflege.

Die Gesamtmasse der Abfallgruppe blieb seit 1995 annähernd unverändert, wenngleich es teilweise Massendifferenzen bei einzelnen Abfallarten gibt.

Aktuelle Daten sind nur für industrielle und kommunale Klärschlämme verfügbar, es wird daher im folgenden nur mehr auf diese Abfälle Bezug genommen:

Laut Gewässerschutzbericht 1996 fielen im Jahr 1995 in Österreich 390.500 t TS/a Klärschlamm an, wovon 186.000 t TS/a aus dem kommunalen Bereich und 204.500 t TS/a aus der Industrie stammen. Gegenüber der gesamten Schlammenge von 1992 mit rd. 300.000 t TS/a bedeutet dies eine Zunahme von 30 %.

Tabelle 44: Massenpotentiale 1998 für Abfälle aus der Wasseraufbereitung, Abwasserbehandlung und Gewässernutzung.

SN	Abfallbezeichnung der ÖNORM S 2100 (1990)	in t
941	Schlämme aus der Wasseraufbereitung	17.945
943	Nichtstabilisierte Schlämme aus mechanisch-biologischer Abwasserbehandlung, soweit sie nicht in anderen Positionen enthalten sind (Rohschlamm, Frischschlamm)	1.000.051
945	Stabilisierte Schlämme aus mechanisch-biologischer Abwasserbehandlung, soweit sie nicht in anderen Positionen enthalten sind (rd.30 % TS)	560.000
947	Rückstände aus der Kanalisation und Abwasserbehandlung (ausgenommen Schlämme)	71.000
948	Schlämme aus der Abwasserbehandlung (rd. 30 % TS)	615.000
949	Abfälle aus der Gewässernutzung	32.000
	Summe (Angaben in Tonnen)	**2.295.996**

Für die 1995 insgesamt angefallenen 390.500 t TS Klärschlamm wurden folgende Verwertungs- und Entsorgungswege beschritten:

- rd. 35 % thermische Behandlung;
- rd. 12 % Behandlung in der Landwirtschaft;
- rd. 42 % Deponierung (nach Entwässerung);
- rd. 11 % sonstige Behandlung.

Die Zukunft der Klärschlammverwertung und -entsorgung wird sehr unterschiedlich diskutiert. Dies geht vor allem aus den Klärschlammkonzepten der Bundesländer, in deren Kompetenzbereich Klärschlamm fällt, hervor. Allen Konzepten gemein ist die grundsätzliche Zustimmung zur landwirtschaftlichen Verwertung, soweit dies ökologisch und ökonomisch sinnvoll ist. Weiters ist ein Trend, wenn auch sehr unterschiedlich ausgeprägt, zu einer weitergehenden Behandlung (z. B. Kompostierung) vor einer Verwertung zu erkennen. Die Deponierung von Klärschlamm in entwässerter Form wird in Zukunft nicht mehr den Anforderungen der Abfallwirtschaft (Deponieverordnung) entsprechen. Trotzdem sind derzeit in den meisten Bundesländern keine konkreten Alternativen für die Entsorgung von Schlämmen in Aussicht. Die Notwendigkeit des Aufbaues entsprechender Verbrennungskapazitäten ist unbestritten.

Klärschlamm im Sinne das Abfallwirtschaftsgesetzes 1990 ist nicht gefährlicher Abfall und kann nicht vermieden werden, vielmehr ist durch steigende Anforderungen an die Abwasserbehandlung mit einem Anstieg der Klärschlammassen zu rechnen. Ein wesentlicher Bestandteil des Gewässerschutzes ist eine gesicherte Klärschlammverwertung bzw. -entsorgung. Die Voraussetzungen für die Verwertung in der Landwirtschaft werden zusehends eingeengt (Düngemittelgesetz, ÖPUL, Akzeptanz), gleichzeitig wird die direkte Ablagerung ohne entsprechende Vorbehandlung zukünftig nicht mehr möglich sein (Deponieverordnung). Verbrennungskapazitäten sind in nicht ausreichendem Maße vorhanden. Wie weit eine mechanisch-biologische Vorbehandlung von Klärschlamm den Anforderungen einer Inertisierung entspricht, ist noch zu prüfen.

Strategien zur Sicherstellung einer Verwertung und Entsorgung, insbesondere von Klärschlämmen, müssen sich zumindest an folgenden Grundsätzen orientieren:

- Minimierung der Schadstoffe an der Quelle einerseits durch verstärkte Kontrolle der Bestimmungen der Indirekteinleiter-Verordnungen gemäß Wasserrechtsgesetz-Novelle 1990 und andererseits durch Maßnahmen zur qualitativen Abfallvermeidung.
- Schaffung von verbindlichen Bodenschutzregelungen und Festlegung von einheitlichen Qualitätsstandards für die Verwertung von Klärschlamm in der Landwirtschaft.
- Schaffung von zusätzlichen Kapazitäten für die Verbrennung von Klärschlämmen.
- Erstellung von regionalen Klärschlammkonzepten.
- Erstellung von betrieblichen Abfallwirtschaftskonzepten bei der Errichtung von Abwasserbehandlungsanlagen.
- Klärung der Haftungsfrage bei der landwirtschaftlichen Klärschlammnutzung.

4.5 Altstoffe aus der getrennten Sammlung aus Gewerbe und Industrie

Altstoffe aus Gewerbe und Industrie werden in einer Größenordnung von über 2 Mio t/a getrennt erfaßt. Mit einer Steigerung dieser Massen ist zu rechnen.

Tabelle 45: Massenpotentiale 1998 für getrennt gesammelte Altstoffe aus Gewerbe und Industrie.

SN	Abfallbezeichnung der ÖNORM S 2100 (1990)	in t
17201	Holzemballagen und Holzabfälle, nicht verunreinigt	200.000
18720	Papier und Pappe, unbeschichtet	600.000
31408	Glas und Altglas	20.000
35	Metallabfälle (Eisenmetallemballagen, NE-Metallschrott, NE-Metallemballagen)	1.166.000
57118	Kunststoffemballagen und –behältnisse	70.000
58107	Stoff- und Gewebereste, Altkleider	12.000
	Summe	**2.068.000**

Die Ursachen für die getrennte Erfassung von Altstoffen aus Gewerbe und Industrie in dieser Größenordnung liegen in der Wirksamkeit der ökonomischen Instrumente der Verpackungsverordnung. Die Gründe dieser Entwicklung sind die Ausweitung der Produzentenverantwortlichkeit für den Stofffluß, d. h. Rücknahme und Verwertungsverpflichtung für die in Verkehr gesetzten Verpackungen sowie die Übernahme der dafür entstehenden Kosten, z. B. durch die Entrichtung von Lizenzgebühren oder durch den Betrieb eines eigenen Erfassungs- und Verwertungssystems.

Die Sammel- und stofflichen Verwertungsquoten für getrennt erfaßte Altstoffe aus Gewerbe und Industrie lagen seit Inkrafttreten der Verpackungsverordnung und der damit verbundenen flächendeckenden Verpackungssammlungen in jedem Jahr über den Zielvorgaben dieser Verordnung.

Zur Erreichung weiterhin steigender Altstoff-Sammelergebnisse in optimaler Qualität werden folgende zu setzende Maßnahmen vorgeschlagen:

- Erfassung sämtlicher Unternehmen zur Lizensierung ihrer in Verkehr gebrachten Altstoffmengen.
- Verstärkte Sammlung sinnvoll wiederverwertbarer Kunststoffe.
- Bessere Ausnutzung der Sammeleinrichtungen.

- Optimierung der Sammel- und Transportlogistik.
- Optimierung der abfallwirtschaftlichen Betriebsberatung und damit Erreichung guter Sammelqualitäten sowie möglichst hoher stofflicher Verwertungsquoten.
- Weitere Verbesserung der Aufzeichnungs- und Meldepflichten der Unternehmen.

4.6 Sonstige nicht gefährliche Abfälle

Das zu erwartende jährliche Massenpotential kann mit rd. 4,9 Mio t beziffert werden. Aufgrund der Vielfältigkeit dieser Abfälle kann jedoch keine generelle Aussage über zukünftige Entwicklungen gemacht werden, zumal vorhandene Daten aus Studien und Branchenkonzepten meist nur Momentaufnahmen darstellen.

Tabelle 46: Massenpotentiale 1998 für sonstige nicht gefährliche Abfälle.

SN	Abfallbezeichnung der ÖNORM S 2100 (1990)	in t
11	Nahrungs- und Genußmittelabfälle	538.615
12	Abfälle pflanzlicher und tierischer Fetterzeugnisse	104.631
13	Abfälle aus der Tierhaltung und Schlachtung	669.000
14	Häute und Lederabfälle	127.225
18	Zellulose-, Papier- und Pappeabfälle	198.680
19	Andere Abfälle aus der Verarbeitung und Veredelung tierischer und pflanzlicher Produkte	75.352
35	Metallabfälle	361.912
39	Andere Abfälle mineralischen Ursprungs sowie Abfälle von Veredelungsprodukten	10.000
51	Oxide, Hydroxide, Salzabfälle	53.324
52	Abfälle von Säuren, Laugen, Konzentraten	3.921
53	Abfälle von Pflanzenbehandlungs- und Schädlingsbekämpfungsmitteln sowie von pharmazeutischen Erzeugnissen und Desinfektionsmitteln	190
54	Abfälle von Mineralöl- und Kohleveredelungsprodukten	13.101
55	Abfälle von organischen Lösemitteln, Farben, Lacken, Klebstoffen, Kitten, Harzen	16.410
57	Kunststoff- und Gummiabfälle	488128
58	Textilabfälle (Natur- und Chemiefaserprodukte)	10.485
59	Andere Abfälle chemischer Umwandlungs- und Syntheseprodukte	13.208
91	Feste Siedlungsabfälle einschließlich ähnlicher Gewerbeabfälle	1.394.500
95	Flüssige Abfälle aus Abfallbehandlungsanlagen	440
97	Abfälle aus dem medizinischen Bereich	20.260
99	Sonstige Siedlungsabfälle einschließlich ähnlicher Gewerbeabfälle	2
	Nicht näher spezifizierte betriebliche Abfälle	755.205
	Summe	**4.854.589**

Die letzte bundesweite Erhebung zu Anfall, Verwertung und Behandlung von nicht gefährlichen Abfällen wurde von der Bundeswirtschaftskammer im Jahr 1989 durchgeführt. Aktuelle Einzelerhebungen liegen zwar für Teilbereiche vor, diese Branchenkonzepte sind aber nicht stoff-, sondern branchenorientiert. Dies hat zur Folge, daß die Gesamtmasse einer Abfallart nicht immer ablesbar ist, vor allem dann, wenn der Abfall in verschiedenen Branchen anfällt.

Um konkrete Maßnahmen festlegen zu können, muß zunächst ein Vergleich der Soll-Ist-Situation durchgeführt werden. Voraussetzung dafür wäre eine umfassende Kenntnis über das Aufkommen und die Behandlung dieser Abfälle sowie über den Grad der Umsetzung von Vermeidungs- und Verwertungsmaßnahmen. Da die Informationen über diese Abfälle zum überwiegenden Teil nur auf groben Schätzungen basieren, sind derzeit keine umfassenden Soll-Ist-Vergleiche möglich. Die Datengrundlagen in den Bundesländern werden zwar laufend verbessert (beispielgebend ist das Wiener Abfallwirtschaftsgesetz, das bereits eine Meldeverpflichtung für nicht gefährliche Abfälle enthält), dennoch ist auch ein bundesweit einheitliche Dokumentation über den Ist-Zustand erforderlich, um zuverlässige Aussagen über Entwicklungen in diesem komplexen Bereich treffen und rasch auf neue Trends reagieren zu können.

Um diesen Anforderungen nachkommen zu können, wird daher die rasche Einführung eines Meldesystems für nicht gefährliche Abfälle vorgeschlagen.

5 ABSCHLIESSENDER ÜBERBLICK

Die Massenangaben zum Abfallaufkommen der nicht gefährlichen Abfälle basieren auf Angaben der Ämter der Landesregierungen, auf Ergebnissen von Branchenkonzepten und auf Expertenmeinungen. Sie stellen mit Ausnahme der Abfälle aus Haushalten und ähnlichen Einrichtungen zum überwiegenden Teil Schätzungen und damit Massenpotentiale dar, geben aber trotzdem einen realistischen Überblick über das abfallwirtschaftliche Geschehen in Österreich.

Veränderungen im gesamten Massenpotential der nicht gefährlichen Abfälle gegenüber dem Bundes-Abfallwirtschaftsplan 1995 sind zumeist nicht als Anstieg des Abfallaufkommens zu interpretieren, sondern auf den verbesserten Wissensstand über das Aufkommen einiger Abfallarten zurückzuführen.

Tabelle 47: Aufkommen nicht gefährlicher Abfälle in Österreich (Massenpotentiale 1998)

NICHT GEFÄHRLICHE ABFÄLLE	in t
Abfälle aus Haushalten und ähnlichen Einrichtungen	2,78
Bodenaushub	20,0
Baurestmassen und Baustellenabfälle	6,4
Abfälle mineralischen Ursprungs ohne Baurestmassen, Bodenaushub und Baustellenabfälle	4,0
Holzabfälle ohne Holzverpackungen	3,3
Abfälle aus der Wasseraufbereitung, Abwasserbehandlung und der Gewässernutzung (rd. 30 % TS)	2,3
- davon: kommunale Klärschlämme (rd. 30 % TS)	0,56
Getrennt gesammelte Altstoffe aus Gewerbe und Industrie	2,1
Sonstige nicht gefährliche Abfälle	4,9
- davon: kommunale Grünabfälle	1,12
- davon: Straßenkehricht	0,2
Summen (gerundet)	**45,7**

Das Massenpotential der nicht gefährlichen Abfälle wird insgesamt auf rd. 45,7 Mio t geschätzt.

6 LITERATUR

Amt der Burgenländischen Landesregierung. Landes-Abfallwirtschaftsplan für das Burgenland. Eisenstadt, 1997.

Amt der Kärntner Landesregierung. Kärntner Abfallbericht und Abfallwirtschaftskonzept 1996. Klagenfurt, 1997.

Amt der Niederösterreichischen Landesregierung. Niederösterreichische Abfallwirtschaftsberichte 1996. St.Pölten, 1997.

Amt der Salzburger Landesregierung. Systemmüllanlagen 1996. Salzburg, 1996.

Amt der Steiermärkischen Landesregierung. Steiermärkisches Abfallwirtschaftskonzept 1995. 1. Fortschreibung. Graz, 1996.

Amt der Steiermärkischen Landesregierung. Umweltschutzbericht 1996 des Landes Steiermark - Teilbereich Abfallwirtschaft. Graz, 1997.

Amt der Tiroler Landesregierung. Reduzierung der Sperrmüllmengen in Tirol. Innsbruck, 1997.

Amt der Vorarlberger Landesregierung. Grundlagenerhebung zur Restmüllbehandlung in Vorarlberg. Bregenz, 1993.

Amt der Vorarlberger Landesregierung. Vorarlberger Abfallwirtschaftskonzept. 1. Fortschreibung. Bregenz, 1997.

Ämter der Landesregierungen - schriftliche und mündliche Mitteilungen.

Anlagen- und Stoffdatenbank des Umweltbundesamtes, Stand März 1998.

ARA-System. Der Report 1996. Wien, 1997.

ARGEV. Leistungsbericht 1996. Wien, 1997.

Betreiber von Anlagen zur Verwertung und Behandlung von Abfällen - schriftliche und mündliche Mitteilungen.

Branchenrecyclinggesellschaften. Mitteilungen 1994, 1995, 1996.

Braun, Rudolf: Biotechnologische Abfallbehandlung. in: Umweltbiotechnologie in Österreich. Monographien Bd. 85 B des Umweltbundesamtes. Wien, 1997.

Bundesministerium für Umwelt, Jugend und Familie. Schriftenreihe der Sektion V – Bd. 4. Merkblatt zur Verordnung über die Trennung von bei Bautätigkeiten anfallenden Materialien. Wien, 1993.

Bundesministerium für Umwelt. Branchenkonzept Gießereiindustrie. Wien, 1994.

Bundesministerium für Umwelt, Jugend und Familie. Branchenkonzept Holz. Wien, 1994.

Bundesministerium für Umwelt. Branchenkonzept Nahrungs- und Genußmittelindustrie. Abfälle und Stoffströme. Wien, 1995.

Bundesministerium für Umwelt, Jugend und Familie. Gesamtanlagenbedarf zur thermischen Behandlung und Verwertung von Restmüll (einschließlich Klärschlamm) und Abfällen aus der getrennten Sammlung. Wien, 1995.

Bundesministerium für Umwelt, Jugend und Familie. Schriftenreihe der Sektion III – Bd. 17. Grundlagen für bundeseinheitliche Regelungen für die Entsorgung von Baustellenabfällen. Wien, 1995.

Bundesministerium für Umwelt, Jugend und Familie. Schriftenreihe der Sektion III – Bd. 21. Sammlung und Verwertung kommunaler biogener Abfälle in Österreich. Wien, 1995.

Bundesministerium für Umwelt, Jugend und Familie. Schriftenreihe der Sektion III – Bd. 22. Abfallvermeidung und Abfallverringerung in Folge der Verpackungsverordnung. Wien, 1995.

Bundesministerium für Umwelt, Jugend und Familie. Schriftenreihe der Sektion III – Bd. 24. Vermeidungs- und Verwertungseffekte durch Stoffstrommanagement mittels Verpackungsverordnung. Wien, 1995.

Bundesministerium für Umwelt, Jugend und Familie. Schriftenreihe der Sektion III – Bd. 25. Aufkommen, Sammlung und Verwertung von Verpackungen sowie Restmengen in Abfallbehandlungsanlagen 1994. Wien, 1996.

Bundesministerium für Umwelt, Jugend und Familie. Schriftenreihe der Sektion III – Bd. 27. Handbuch für die Problemstoffsammlung. Wien 1996.

Bundesministerium für Umwelt, Jugend und Familie. Schriftenreihe der Sektion III – Bd. 31. Thermische Verwertung und Behandlung von Holz- und Papierabfällen. Wien, 1996.

Bundesministerium für Land- und Forstwirtschaft. Gewässerschutzbericht 1996. Wien, 1997.

Bundesministerium für Umwelt, Jugend und Familie. Anlagen zur aeroben mechanisch-biologischen Vorbehandlung von Restmüll und Klärschlamm. Wien, 1997.

Bundesministerium für Umwelt, Jugend und Familie. Richtlinie zur Sammlung und Behandlung von Elektro- und Elektronikgeräten. Wien, 1997.

Bundesministerium für Umwelt, Jugend und Familie. Anaerobtechnologie für die mechanisch-biologische Vorbehandlung von Restmüll und Klärschlamm. Wien, 1998.

Büro für Technikfolgenabschätzung beim deutschen Bundestag (TAB). TAB-Arbeitsbericht Nr. 16. TA-Projekt: Abfallvermeidung und Hausmüllentsorgung. Vermeidung und Verminderung von Haushaltsabfällen. Abfallvermeidung: Strategien, Instrumente und Bewertungskriterien. Bonn, 1993.

Erhebungen des Österreichischen Bauschutt-Recycling-Verbandes. Wien 1996/1997.

Expertisen und Studien (unveröffentlicht).

Gara, S.; Schrimpf, S.E.H. Behandlung von Reststoffen und Abfällen in der Eisen- und Stahlindustrie. Umweltbundesamt. Wien (in Fertigstellung).

Holzer, Christian: Ein Überblick über die Deponieverordnung. Referat anläßlich der Veranstaltung „Neue Deponieverordnung" der Wirtschaftskammer Kärnten am 3. Juli 1996.

Ingenieurbüro für Abfallwirtschaft Vogel und Müller. Studie im Auftrag des Vorarlberger Gemeindeverbandes für Abfallwirtschaft und Umweltschutz. Abfallanalysen Vorarlberg 1994. Lauterach, 1995.

Innovative Umwelttechnik (IUT). Studie im Auftrag des Amtes der Steiermärkischen Landesregierung. Restmüllanalysen Steiermark 1993/1994. Seebenstein 1994.

Klärschlammkonzepte der Bundesländer.

Kodex des österreichischen Rechts. Abfallrecht und Öko-Audit. 3. Auflage. Wien, 1996.

Kodex des österreichischen Rechts. Umweltrecht. 9. Auflage. Wien, 1998.

Lechner, P.; Dreier, P. et al. Baurestmassen – Vermeidung, Verwertung und Behandlung. Umweltbundesamt – Reports UBA – 95-110. Klagenfurt/Wien, 1995.

Magistratsabteilung 48 der Stadt Wien - Leistungsberichte bis 1996.

Magistratsabteilung 48 der Stadt Wien. Das Wiener Abfallwirtschaftskonzept 1995. Wien, 1996.

Österreichischer Wasser- und Abfallwirtschaftsverband (ÖWAV). Regeln des österreichischen Wasser- und Abfallwirtschaftsverbandes. Grundsätze und Ziele der Abfallminimierung, Abfallvermeidung und -verwertung. Wien, 1997.

Technisches Büro Hauer. Studie im Auftrag der Niederösterreichischen Landesregierung. Niederösterreichische Restmüllanalysen 1994/1995. Korneuburg, 1995.

Technisches Büro Hauer. Studie im Auftrag des Bundesministeriums für Umwelt, Jugend und Familie. Daten zur Altstoffsammlung und -verwertung in Österreich 1994 bis 1996. Korneuburg, 1997.

TRB Ingenieurgemeinschaft. Studie im Auftrag der MA 48. Müllanalyse Wien 1993/1994. Wien, 1995.

Umweltbundesamt. Kommunaler Klärschlamm in Österreich. Unveröffentlichte Studie. Klagenfurt, 1994.

Umweltbundesamt. Mechanisch-biologische Vorbehandlungsanlagen in Österreich. Unveröffentlichte Studie. Wien, 1996.

Umweltbundesamt. Hausmülldeponien in Österreich. Unveröffentlichte Studie. Wien, 1997.

Umweltdienst Burgenland - schriftliche und mündliche Mitteilungen.